知れば知るほど面白い

不思議な元素の世界

小谷太郎

ビジュアルだいわ文庫

大和書房

はじめに

元素は物質の元となる原料

元素でできた体を持つ私たちは、元素に囲まれ元素を食べて生きています。私たちの体のおよそ7割は水からなり、水は酸素Oと水素Hという元素の化合物です。私たちの半分以上は酸素です。

あなたが手にしたこの本は、セルロースという、一種の炭水化物からできていて、それは酸素と炭素Cと水素が絡《から》み合った分子の鎖です。電子書籍なら、電子部品は鉄Feや銅Cuやケイ素Siなどからなりますが、磁石や電池に、ネオジムNdやリチウムLiが使用されたり、ほかにも珍しい元素が使われているかもしれません。

本から目を上げれば、あたりは窒素《ちっそ》Nを主成分とする空気に満ち、空には（昼なら）水素とヘリウムHeからなる太陽が原子核反応で燦々《さんさん》と輝き、その恵みの光を浴びて植物はせっせとセルロースや糖を合成し、それはやがて本の材料となりまた私たちの食べ物となり血肉となるわけです。

元素は物質の元となる原料です。

私たちの体も草木も工業製品も空気も地球も太陽も、元素という１００種あまりの原料の組み合わせでできています。

１００種あまりの元素の中には、水素のように宇宙に大量に存在するものもあれば、リバモリウムLvのように実験装置の中で生じるはしから崩壊してしまう、はかない寿命のものもあります。

これら１００種あまりを適切な配合で調合し、温度と圧力を調整し、丁度いい時間熟成させると、無数の鉱物、幾万もの生物種、幾億もの人間とそれが織り成す複雑な社会ができあがるのだから、元素というものは大したものです。

この複雑な宇宙と自然が、単純で基本的な原料、すなわち元素からなるという思想は古くからあり、人間は元素を探し求めてきました。

初め、火や水や土や空気はそういう元素ではないかと想像されましたが、そうではありませんでした。

空気は、物を燃やす酸素や燃やさない窒素、全く不活性なアルゴンArなどの混合物でした。

ある元素は尿の中に見つかりました。

尿の中に生命特有の元素があると考えた錬金術師は、尿を煮詰めてリンPを見いだしました。（それは特に生命特有ではありませんでした。）

しかし、錬金術師がどんな秘薬を調合しても金Auは作れませんでした。金は元素の一つだったのです。

ある元素は鉱物の中に見つかりました。新しい元素を求めて鉱物学者や化学者は鉱物を拾い、すりつぶしました。

とある寒村（失礼）で採集された鉱物は、4種もの新元素を含んでいました。

4元素はその村にちなんで、イットリウムY、テルビウムTb、エルビウムEr、イッテルビウムYbと命名され、紛《まぎ》らわしい元素名が誕生しました。

天文学者は太陽のスペクトラムの中に新元素の証拠を見つけました。ヘリウムはそうして見つかった元素です。

このように、空気中、地中、人体から宇宙にまで熱心に元素を探した結果、とうとう天然の物質に含まれる元素は調べ尽くしてしまいました。

けれども飽き足らない物理学者は、天然に存在しない元素を人工的に合成し始めました。

こうしてテクネチウムTcを始めとする人工元素が生みだされ、天然元素と合わせて元素は現在１００種を超えています。

元素を並べて整理したものが周期表

元素を求める当初の目的は、複雑な世界をいくつかの単純な原料に分けることだったはずですが、元素探求を熱心にやりすぎて、いつのまにか元素の数は１００を超えてしまいました。

これではもう元素自体をどうにか整理しないと収拾がつきません。

このように雨後の筍《たけのこ》のようにたくさん元素が出てきてしまった理由は、実は元素がもっと基本的な材料からの合成物であることにあります。

その材料のさじ加減によって、さまざまな元素ができあがるのです。

物体は、原子という極微《きょくび》の粒子の集合です。

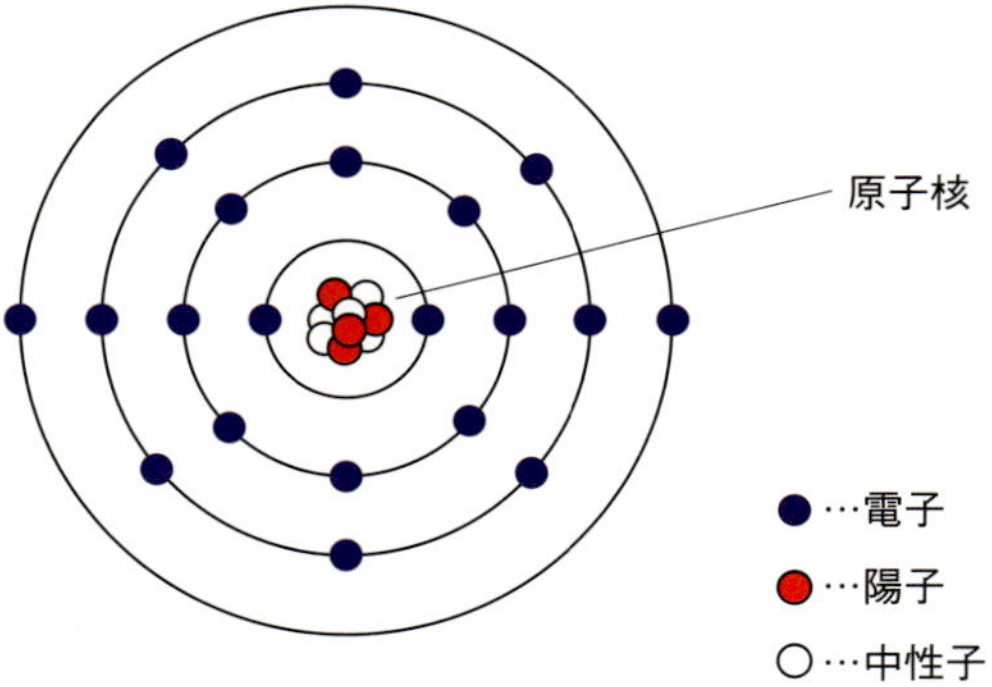

【図表1】原子の構造

いくつもの元素からなる物体は、いくつもの種類の原子の集合です。純粋な元素からなる物体は、1種類の原子の集合です。

元素の種類だけ原子の種類があります。

そして原子の種類は、その原子が持つ電子という素粒子の数によって決まります。電子が1個ならその原子は水素です。2個ならヘリウムの原子、3個ならリチウムという具合です。

原子の持つ電子の数を原子番号といいます。

そうして原子番号の順に元素を並べて整理したものが周期表（P．10〜11）です。原子番号1番の水素から始まり、2番のヘリウム、3番のリチウム……と続き、原子番号118番のウンウンオクチウムUmoまでが整然と並んでいます。

こうして原子番号の順に元素を並べていくと、性質の似た元素が周期的に現れます。

2番のヘリウムと10番のネオンNeは希ガスで、不活性（反応性の低い）な性質が似ています。3番のリチウムと11番のナトリウムNaはアルカリ金属と呼ばれ、両方とも反応性が高い元素です。

原子番号が8増えると、性質の似た元素が現れるので、原子番号の周期は8です。

そこで周期表は、性質の似ている元素が縦にそろうように、1行に8元素ずつ並べてあります。

性質の似た元素が現れる周期は、周期表の下の方、原子番号が大きくなるにつれて、だんだん長くなってきます。（よく見ると、最上段は周期が2です。）

4行目と5行目では、この周期が18になります。そこで4行目と5行目は18の元素を横に並べています。

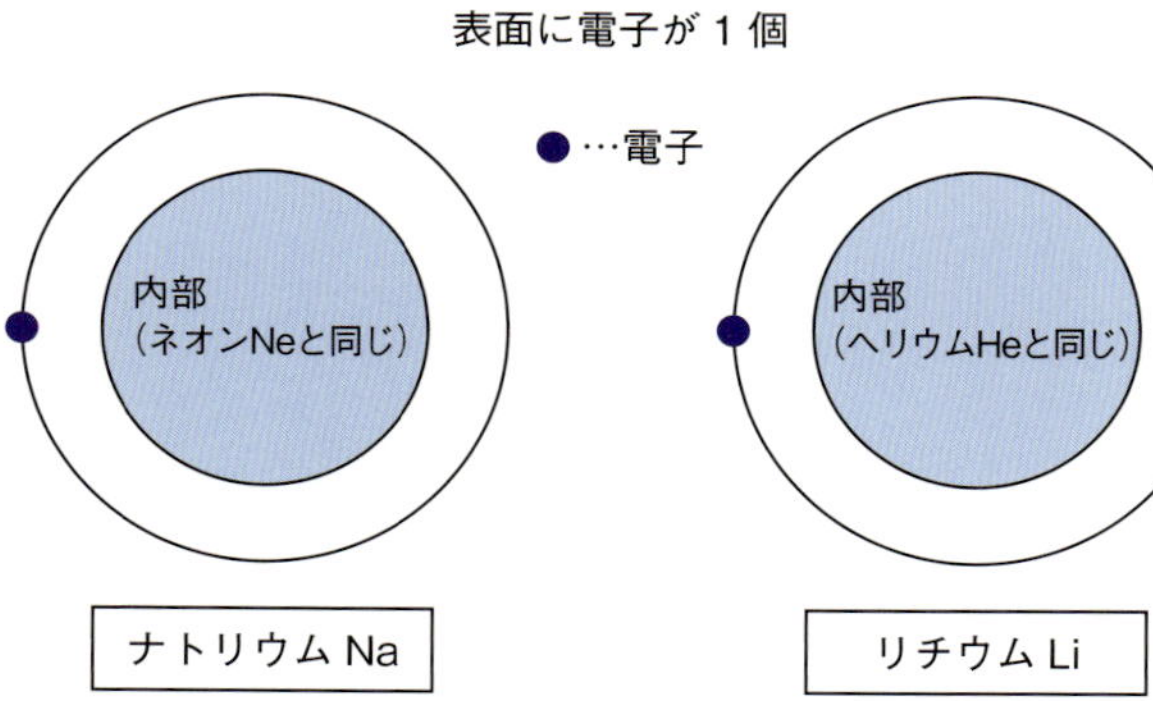

【図表2】 性質が似ている元素は表面の電子配置が同じ

6行目と7行目はさらにこの周期が長くなって32です。

32元素は1行に並べきれないので、たいていの周期表では、欄外に並べてあります。

元素にはどうしてこのような周期が現れるのでしょうか。

元素の性質は、原子の持つ電子で決まります。

そして原子の「表面」の電子の配置が似ている原子は性質が似るのです。

周期表で縦に並ぶ元素の原子は、「表面」の電子の配置が似ているのです。

周期表は、原子の持つ電子の数と配置

で元素を分類する表です。

１つの元素は周期表の１マスを占《し》め、周期表上の位置によって元素の性質が決まるのです。

周期表は、原子の構造を支配するルールを表わしたものなのです。

それでは周期表に並んだ１００種あまりの元素をこれから訪問していきましょう。

どのページからでも開いていただければ、そこには複雑で豊かで美しい宇宙が見いだされることと思います。

〈凡例〉

原子番号 — 1
元素記号 — H
元素名 — 水素

10族	11族	12族	13族	14族	15族	16族	17族	18族	
								2 He ヘリウム	1周期
			5 B ホウ素	6 C 炭素	7 N 窒素	8 O 酸素	9 F フッ素	10 Ne ネオン	2周期
			13 Al アルミニウム	14 Si ケイ素	15 P リン	16 S 硫黄	17 Cl 塩素	18 Ar アルゴン	3周期
28 Ni ニッケル	29 Cu 銅	30 Zn 亜鉛	31 Ga ガリウム	32 Ge ゲルマニウム	33 As ヒ素	34 Se セレン	35 Br 臭素	36 Kr クリプトン	4周期
46 Pd パラジウム	47 Ag 銀	48 Cd カドミウム	49 In インジウム	50 Sn スズ	51 Sb アンチモン	52 Te テルル	53 I ヨウ素	54 Xe キセノン	5周期
78 Pt 白金	79 Au 金	80 Hg 水銀	81 Tl タリウム	82 Pb 鉛	83 Bi ビスマス	84 Po ポロニウム	85 At アスタチン	86 Rn ラドン	6周期
110 Ds ダームスタチウム	111 Rg レントゲニウム	112 Cn コペルニシウム	113 Uut ウンウントリウム	114 Fl フレロビウム	115 Uup ウンウンペンチウム	116 Lv リバモリウム	117 Uus ウンウンセプチウム	118 Uuo ウンウンオクチウム	7周期

64 Gd ガドリニウム	65 Tb テルビウム	66 Dy ジスプロシウム	67 Ho ホルミウム	68 Er エルビウム	69 Tm ツリウム	70 Yb イッテルビウム	71 Lu ルテチウム
96 Cm キュリウム	97 Bk バークリウム	98 Cf カリホルニウム	99 Es アインスタイニウム	100 Fm フェルミウム	101 Md メンデレビウム	102 No ノーベリウム	103 Lr ローレンシウム

元素周期表

国際純正・応用化学連合の周期表（2015年版）をもとに作成。

	1族	2族	3族	4族	5族	6族	7族	8族	9族
1周期	1 H 水素								
2周期	3 Li リチウム	4 Be ベリリウム							
3周期	11 Na ナトリウム	12 Mg マグネシウム							
4周期	19 K カリウム	20 Ca カルシウム	21 Sc スカンジウム	22 Ti チタン	23 V バナジウム	24 Cr クロム	25 Mn マンガン	26 Fe 鉄	27 Co コバルト
5周期	37 Rb ルビジウム	38 Sr ストロンチウム	39 Y イットリウム	40 Zr ジルコニウム	41 Nb ニオブ	42 Mo モリブデン	43 Tc テクネチウム	44 Ru ルテニウム	45 Rh ロジウム
6周期	55 Cs セシウム	56 Ba バリウム	※1	72 Hf ハフニウム	73 Ta タンタル	74 W タングステン	75 Re レニウム	76 Os オスミウム	77 Ir イリジウム
7周期	87 Fr フランシウム	88 Ra ラジウム	※2	104 Rf ラザホージウム	105 Db ドブニウム	106 Sg シーボーギウム	107 Bh ボーリウム	108 Hs ハッシウム	109 Mt マイトネリウム

※1 ランタノイド系（57〜71）	57 La ランタン	58 Ce セリウム	59 Pr プラセオジム	60 Nd ネオジム	61 Pm プロメチウム	62 Sm サマリウム	63 Eu ユウロピウム
※2 アクチノイド系（89〜103）	89 Ac アクチニウム	90 Th トリウム	91 Pa プロトアクチニウム	92 U ウラン	93 Np ネプツニウム	94 Pu プルトニウム	95 Am アメリシウム

『知れば知るほど面白い　不思議な元素の世界』目次

6章　想像もしなかった新しい用途の元素

7章　古代人も知っていた由緒ある元素

8章　宝石や貴金属になる貴重な元素

9章　扱いを誤ると危険な毒元素

10章　ノーベル賞をもたらした元素

14章 まだある！ 個性豊かな元素

1章 宇宙空間で生まれた元素

H

水素 Hydrogen

この世で1番最初に生まれた

原子番号
1
原子量
1.007
～
1.009

水素は１番の元素です。

元素を並べた周期表で１番目、原子番号は１番です。

水素原子はあらゆる原子の中で１番軽く、１番単純です。

水素は宇宙で１番豊富にある元素で、宇宙の物質の４分の３を占めます。

そしてまた、宇宙で最初に生まれた元素でもあります。

この宇宙は約１３８億年前、ドカンと大爆発で生じました。ビッグ・バンと呼ばれる大爆発です。

奇妙な話ですが、ビッグ・バン以前には物質も時間も空間もなかったと考えられています。

ビッグ・バン進行の初期、ドカンの最初のドのあたりでは、宇宙空間は超高温で、私たちの知っているような通常の物質は存在できませんでした。

爆発開始から０・０００１秒経つと、宇宙の温度はやや下がり、クォークという粒子がくっつきあって水素が生まれました。正確にいうと、水素原子の中心部となる原

【図1-1】宇宙の観測可能な物質の70%は水素。ハッブル宇宙望遠鏡で800回、のべ11.3日間の観測データを重ね合わせて得られたこの写真には、きわめて遠くの銀河も含む、1万個近くの銀河が写っている。

提供：NASA, ESA, S. Beckwith, the HUDF Team

子核が生まれました。

図1-2は、人類が水素（正確には普通の水素でなく重水素D）の原子核を核融合させているところです。この爆発はビッグ・バンとは規模も原理も根本的に異なります。

水爆は人類の開発した最大の爆弾で、現在唯一実用化された核融合エネルギーです。重水素の原子核が融合して別の原子核を作る反応を利用し、核融合反応で生じる大きなエネルギーが熱に変化します。

常温・常圧では、水素は無色無臭の軽い気体、水素ガスです。水素ガスは水素原子が2個結合した水素分子H_2から成ります。

水素ガスは燃えやすく、火をつけると図1-3のように爆発的に燃焼します。

燃焼とは酸素O_2と化合することです。原子核が融合する水爆とは根本的に原理が違います。

水素は燃焼して酸素と化合すると、水H_2Oという物質になります。水素が燃焼したガスは水蒸気からなり、集めて冷やすと凝結《ぎょうけつ》して液体の水が現れます。

【図1-2】写真は、1954年、ビキニ環礁における米国の水爆実験。

1766年に水素を発見した英国の科学者ヘンリー・キャベンディッシュは、この軽くて燃えやすい気体を、「水の元素」を意味する「ハイドロジェン」と名付けました。その日本語訳の「水素」も「水の元素」という意味を残しています。

水は地球表面に海水として豊富に存在します。

海は多様な海中生物をはぐくみ、また遠い過去には最初の生命の起源となったと考えられています。海水から離れて暮らす陸や空の生き物も、その生命を維持するのに水が必要です。

地球上の生命と生態系にとって、水はなくてはならない物質です。水の元素である水素は、地球環境にきわめて重要な役割を持つ元素です。

【図1-3】水素ガスを発生させ、火をつけると、爆発的に燃える。

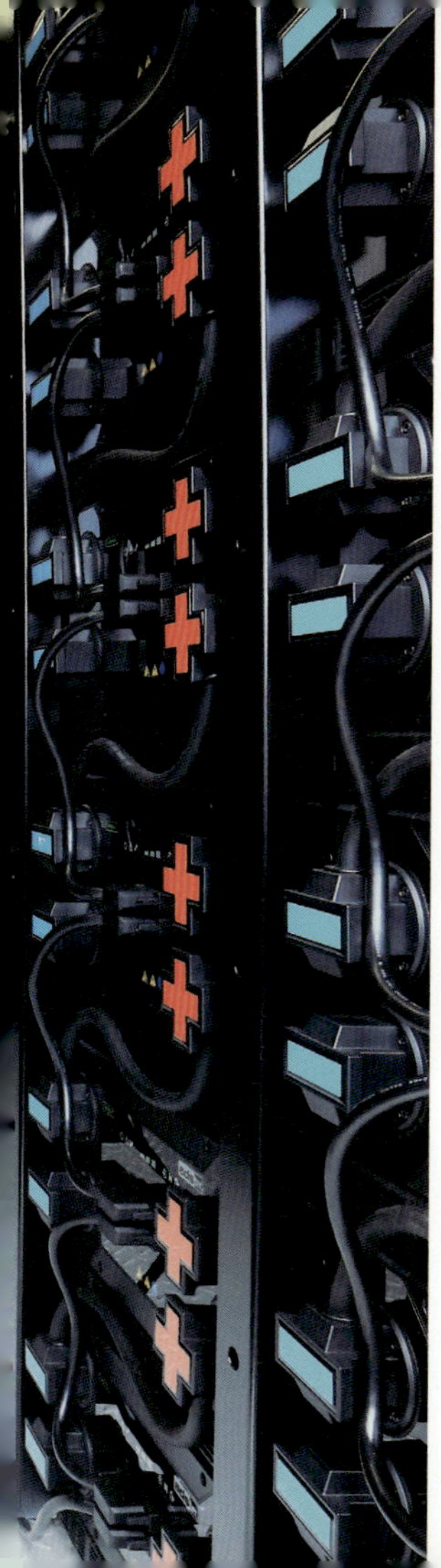

Li

Lithium

リチウム　宇宙生まれが、今や電池に

原子番号
3
原子量
6.938～6.997

リチウムは軽くて軟《やわ》らかいアルカリ金属です。酸化されやすく、水とも反応してしまいます。

リチウムを用いると、大きな電力を貯蔵する性能のよい電池を開発できます。

リチウムを用いる電池は長時間使う携帯端末の電源や、図1-4のような電力貯蔵施設に役立っています。

【図1-4】ドイツのフラウンホーファー研究所の電力貯蔵実験装置。多数のリチウム電池を接続することにより、500kW時の電力を貯蔵する性能を達成している。

リチウムはリチア輝石《きせき》$LiAl(SiO_3)_2$という鉱石から取り出され、利用されます。次ページに示す半透明の鉱石です。

地中から掘り出されるリチウムの、そもそもの起源は宇宙空間です。

宇宙には陽子（水素の原子核）などの粒子が光速に近い速度で飛び交っています。

これが星間空間に漂う炭素Cや酸素Oなどの原子核に衝突して粉砕し、このとき破片として、リチウムの原子核が生じることがあります。

宇宙に存在するリチウムのほとんどはそうしてできたと考えられています。

かつて宇宙のガスや塵が集まって地球ができたとき、宇宙に漂う微量のリチウムも一緒に紛れ込み、そうして地中でリチア輝石となりました。

それが掘り出されて電池となって働いているというわけです。

【図1-5】 リチア輝石$LiAl(SiO_3)_2$はリチウムLiとアルミニウムAlを含む鉱石。リチウムの原料として利用される。写真のリチア輝石はアフガニスタン産。

B

ホウ素 Boron

ガラスの材料は宇宙に漂っていた

原子番号 5

原子量 10.80～10.83

【図1-6】アメリカ・カリフォルニア州で採掘されるホウ素の結晶。

ホウ素もまた宇宙空間で生まれる元素です。宇宙空間を漂う炭素Cや酸素Oの原子核に、宇宙線と呼ばれる高速の粒子が衝突し、飛び散った破片として生成します。ホウ素はそうして宇宙を漂った末に、46億年前、地球を生成するガスに混じりました。

現在、人類は地球から掘り出したホウ素をガラスに利用しています。ホウ素を混ぜると耐熱ガラスやガラス繊維が作れるのです。

2章

誰とも反応しない孤高の希ガス元素

He ヘリウム《Helium》 地中からも見つかる〝太陽のかけら〟

原子番号
2
原子量
4.003

ヘリウムは水素Hに次ぐ、2番の元素です。

原子番号は2番で、周期表では水素のとなりに位置します。水素原子の次に軽い原子です。

宇宙では2番目に豊富で、宇宙に存在する元素のほぼ4分の1を占めます。太陽も4分の1がヘリウムからなります。

ヘリウムは百十余の元素の中で唯一、天文学者によって発見された元素です。元素の発する光をプリズム（分光《ぶんこう》器）に通して、得られたスペクトラムを調べる手法です。

19世紀には元素を分析する「分光」という手法が発達しました。

元素はある特定の波長の光を強く発したり、逆に吸収したりします。

例えばヘリウムのスペクトラムには、図2-1のように、ヘリウム特有の波長の光が明るい「輝線《きせん》」となって見えます。物質からの光を分光すると、そこに含まれる元素が分析できるのです。

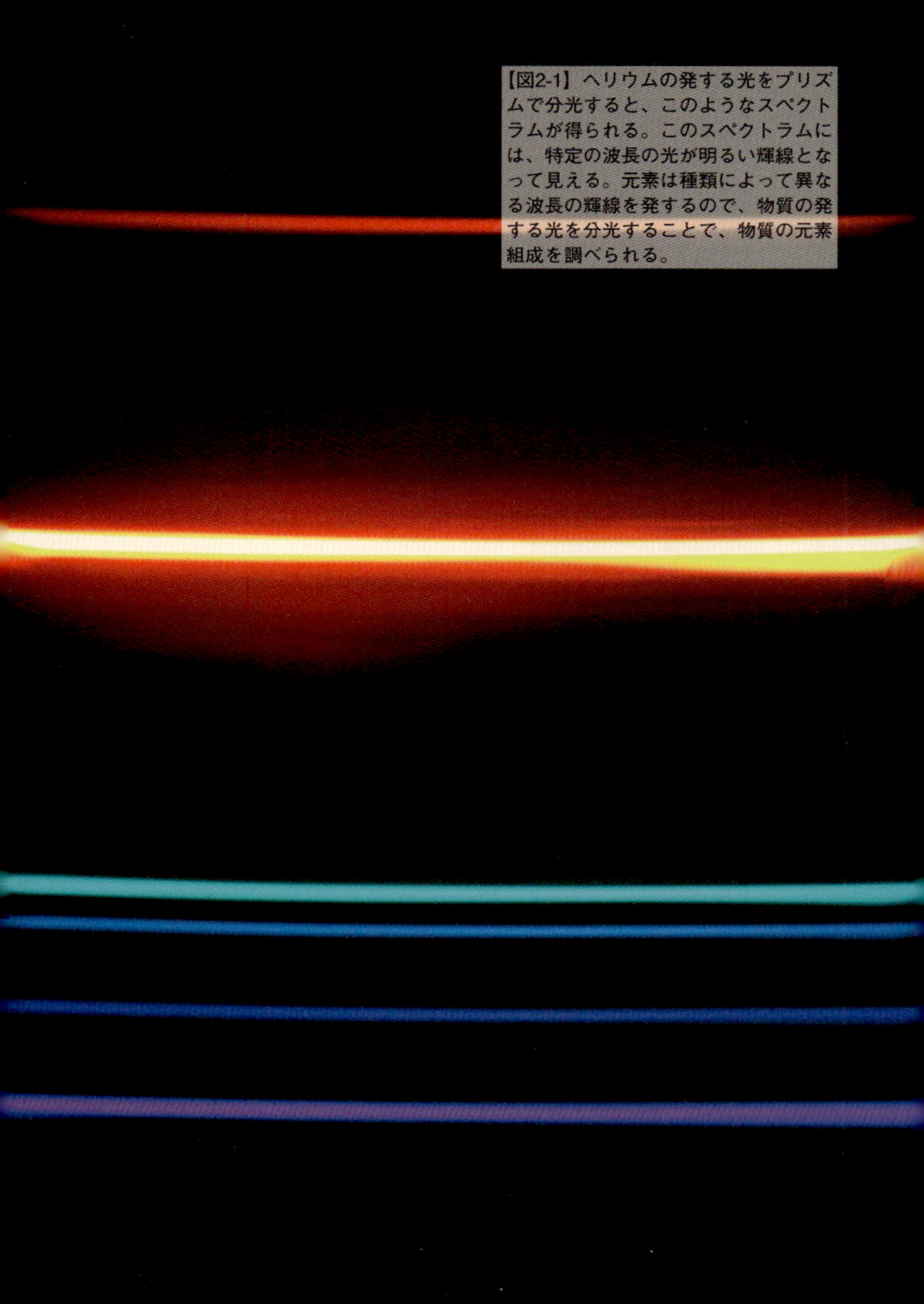

【図2-1】ヘリウムの発する光をプリズムで分光すると、このようなスペクトラムが得られる。このスペクトラムには、特定の波長の光が明るい輝線となって見える。元素は種類によって異なる波長の輝線を発するので、物質の発する光を分光することで、物質の元素組成を調べられる。

1868年8月18日の日蝕の際、太陽を分光観測したところ、そのスペクトラムに地上では見たことのない輝線が現われました。これは太陽に存在する未知の元素に由来するものだと考えられ、未知の元素は「太陽」を意味するヘリウムと名付けられました。

これがヘリウムの発見です。

ただし、天文学者の発見したヘリウムは25年にわたって化学者に無視され、新元素とは認められませんでした。

ヘリウムが新元素と認められたのは、地球上でもヘリウムが確認されて、新元素であることが疑いの余地なく証明されてからのことです。

地球上といっても、ヘリウムが見つかったのは地下からです。

地中から資源として取り出される天然ガスにはしばしばヘリウムが含まれています。ものによってはかなりの高濃度で含まれているため、取り出された天然ガス（と思われるガス）に火をつけようとしてもつかないことがあります。

〝太陽の元素〟は実は地下にもあって、採掘業者の間では知られた存在だったのです。

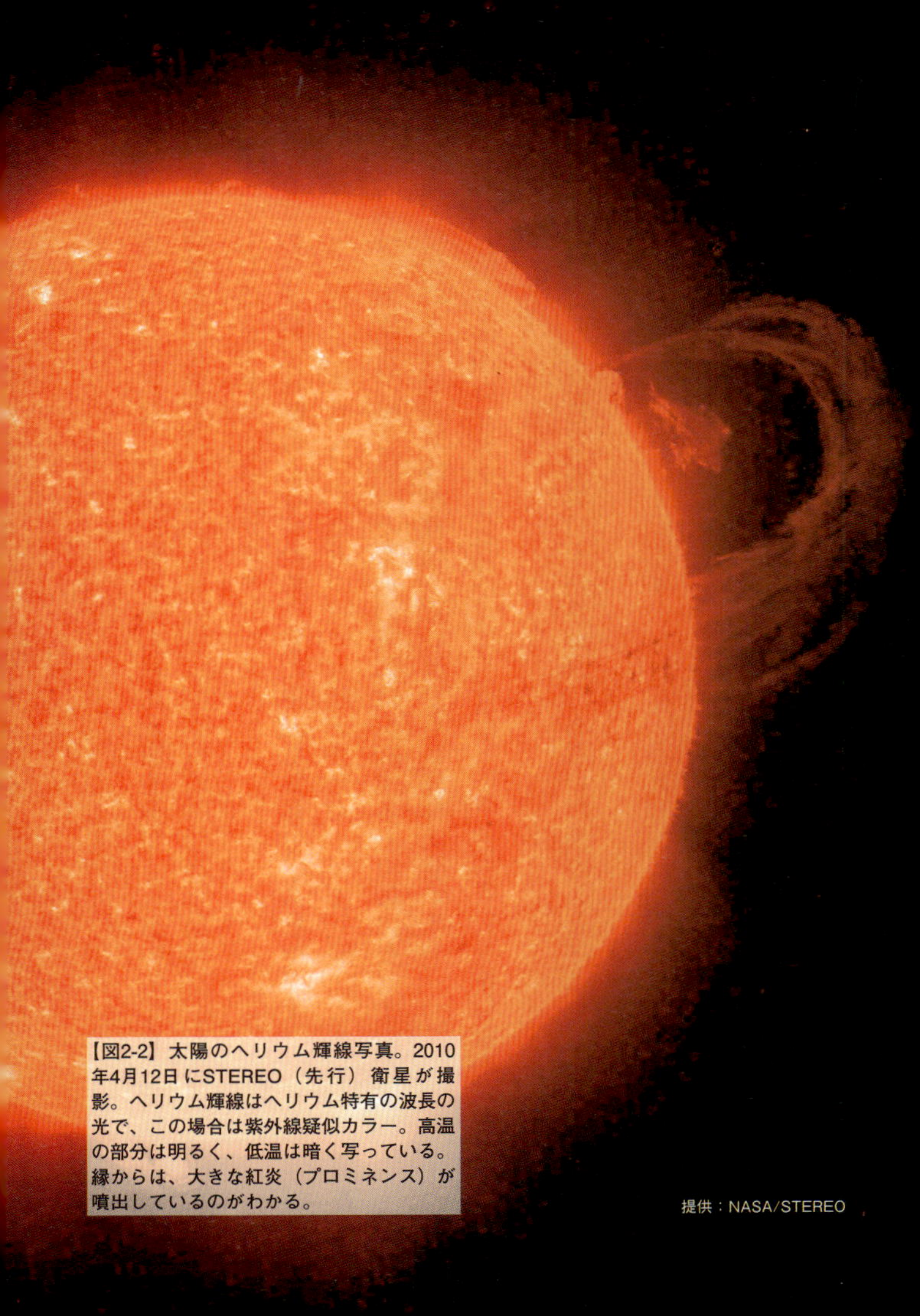

【図2-2】太陽のヘリウム輝線写真。2010年4月12日にSTEREO（先行）衛星が撮影。ヘリウム輝線はヘリウム特有の波長の光で、この場合は紫外線疑似カラー。高温の部分は明るく、低温は暗く写っている。縁からは、大きな紅炎（プロミネンス）が噴出しているのがわかる。

提供：NASA/STEREO

２番の元素ヘリウムには、水素や他のあらゆる元素を全てさしおいて１番に評価される、ある特質があります。

ヘリウムは１番不活性な元素なのです。

ヘリウムの原子同士は結合しないため、常に単独で気体分子の状態です。

他の原子とも化合しません。火を近づけても燃えません。つまり酸化しません。

水素ガスH_2や窒素ガスN_2といった普通の気体は冷却すると液体になりますが、ヘリウム・ガスは他のあらゆる気体が液化する低温でも気体の状態です。

ヘリウム・ガスを液体にするにはマイナス２６８・９３度という極低温が必要です。

ヘリウムのように不活性な元素は不活性ガス、あるいは希ガスと呼ばれます。貴ガスと書くこともあります。

ヘリウムの他、アルゴンAr、ネオンNe、クリプトンKr、キセノンXe、ラドンRnなどが不活性ガスの仲間です。

ヘリウムは不活性ガスの中でも最も反応性の低い、孤高の元素です。

この章ではヘリウムをはじめ、希ガスの仲間をいくつか紹介します。

【図2-3】液体ヘリウムの保存タンク。極低温で保管するために、特殊な断熱構造を持つタンクを使用しなければならない。

Ne Neon ネオン　ネオンサインには、ほぼ使われていない？

原子番号 10
原子量 20.18

化学的にはほとんど反応することのないネオンは、かつて照明や装飾に盛んに使われました。

ネオン・ガスを封じ込めたガラス管に電流を流すと、ネオンが赤く光るのです（図2-4）。

ガスの種類を変え、ガラス管に蛍光物質を塗ると、さまざまな色が作り出せます。ガラス管を折り曲げると、文字や装飾が工作できます。

こうして作られたネオンサインはかつて夜の街をあでやかに彩り、「ネオン街」は歓楽街の別名となりました。

もっとも、「ネオンサイン」と称せられる照明器具のうち、実際にネオンが使用されているものは一部だけで、アルゴンArやヘリウムHeなどを用いるものも多いです。

現在ではＬＥＤが電飾の主流となり、ネオンサインはほとんど見られなくなりました。

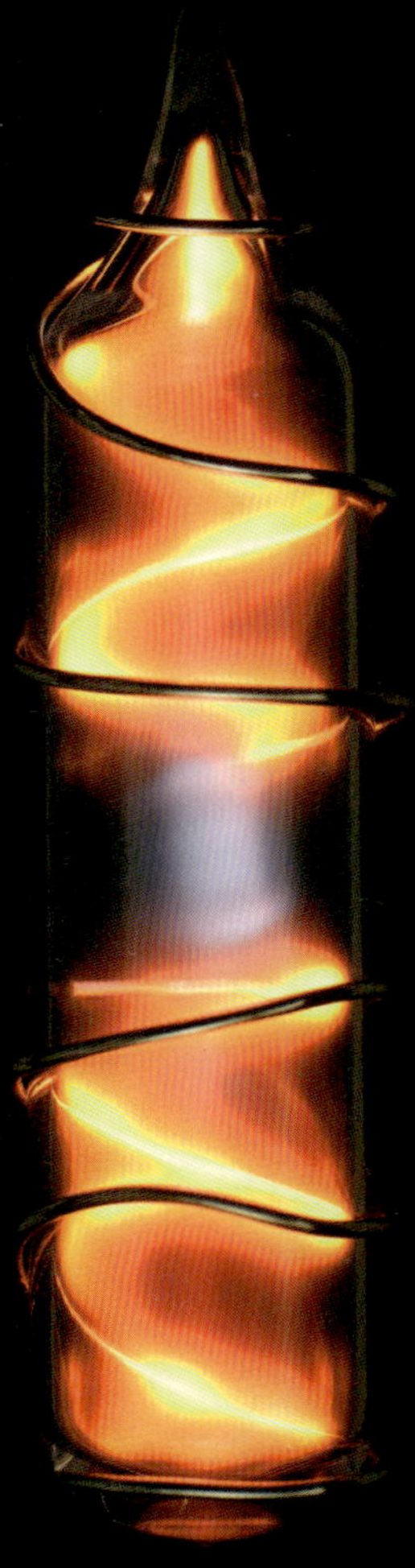

【図2-4】 真空の容器にネオン・ガスを少量封じ込め、電流を流すと、ネオン・ガスが赤色に発光。容器中をマイナスの電極からプラスの電極まで飛んでいく電子がネオンの原子に衝突し、衝突されたネオン原子は赤い波長の光を放つ。

Rn ラドン Radon

地球誕生時からのものは存在しない

原子番号 86

原子量 (222)

ラドンは放射線を発します。

ラドンの原子番号は86で、つまり原子核内に陽子が86個あります。陽子を86個含む原子核は不安定で、やがて放射線を発して別の原子核に変化します。別の原子核に変化することを崩壊、または壊変《かいへん》といいます。

たとえば中性子（陽子とともに原子核を構成する電荷をもたない粒子）を１３６個含むラドン２２２ ^{222}Rn の場合、原子核崩壊の「半減期」は３・８日です。つまり、３・８日後にはラドン２２２の原子核の半数が崩壊します。崩壊せずに残っている原子核の数は、半減期ごとに半減します。

ラドンは化学的には希ガスの仲間で、常温・常圧で気体です。密度は空気の約８倍なので、空気と一緒に容器に入れると、容器の底に溜まります。

ラドンは半減期が３・８日と短いため、46億年前の地球誕生時にあったラドンはもう崩壊し尽くして残っていません。現在地球に存在するラドンは別の種類の原子核が

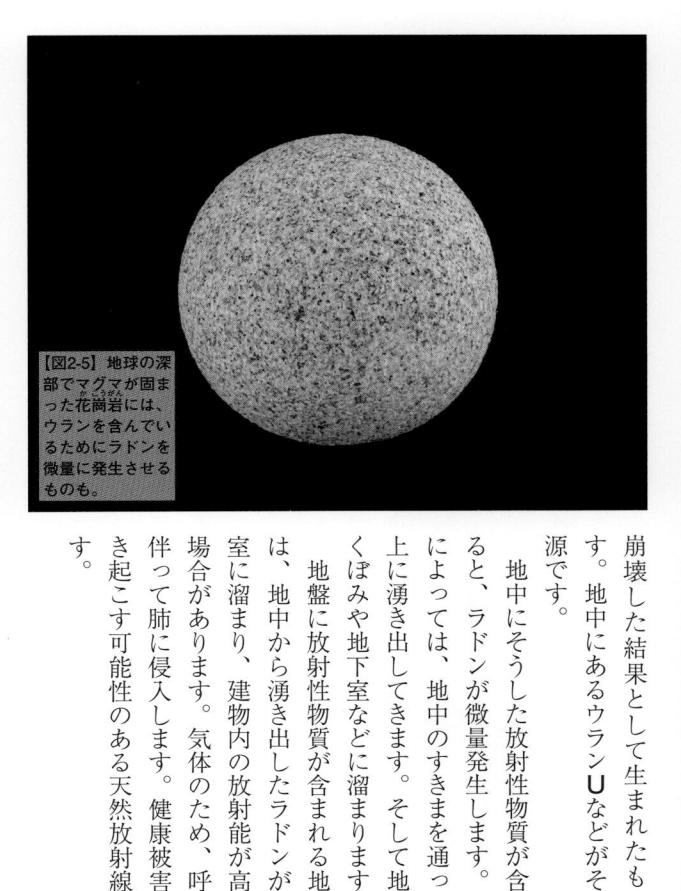

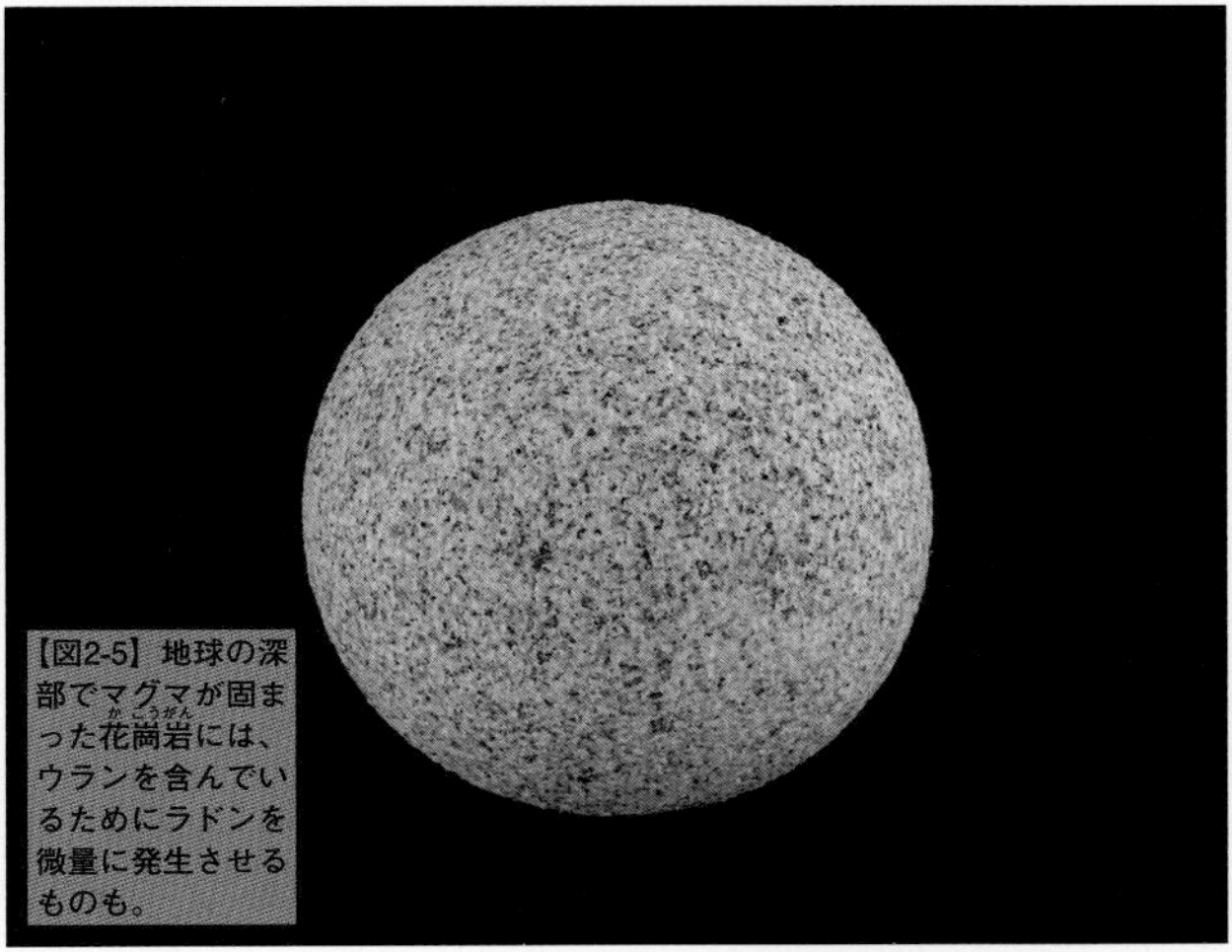

【図2-5】地球の深部でマグマが固まった花《か》崗《こう》岩《がん》には、ウランを含んでいるためにラドンを微量に発生させるものも。

崩壊した結果として生まれたものです。地中にあるウランUなどがその起源です。

　地中にそうした放射性物質が含まれると、ラドンが微量発生します。条件によっては、地中のすきまを通って地上に湧き出してきます。そして地面のくぼみや地下室などに溜まります。

　地盤に放射性物質が含まれる地域では、地中から湧き出したラドンが地下室に溜まり、建物内の放射能が高まる場合があります。気体のため、呼吸に伴って肺に侵入します。健康被害を引き起こす可能性のある天然放射線源です。

Xe

キセノン Xenon

常識をひっくり返した、希ガス界の化合物

原子番号 54

原子量 131.3

周期表の右端に、ヘリウムHe、ネオンNe、アルゴンArと縦に並ぶ希ガスの一族は、他の元素とも同種の元素とも化合しにくい孤高の元素です。

――と、長いこと信じられてきた希ガスですが、1962年、化学者があいついでキセノンの化合物を作ることに成功しました。

希ガスは化学反応しないという常識を引っくり返す成果です。

フッ化白金《はっきん》（Ⅵ）PtF_6という非常に酸化力の強い酸とキセノンを混ぜると、酸化されにくいキセノンがついに酸化され、ヘキサフルオロ白金酸キセノン$XePtF_6$という化合物を作るのです。

また、フッ素ガスF_2とキセノンを反応させると、四フッ化キセノンXeF_4ができます。図2-6に四フッ化キセノンの結晶を示します。

これによって、希ガスの化学という新しい研究分野が誕生し、クリプトンKrやアルゴンなどの化合物が次々合成されました。（実際にやってみると、希ガスの化合物はいくつもできました。）

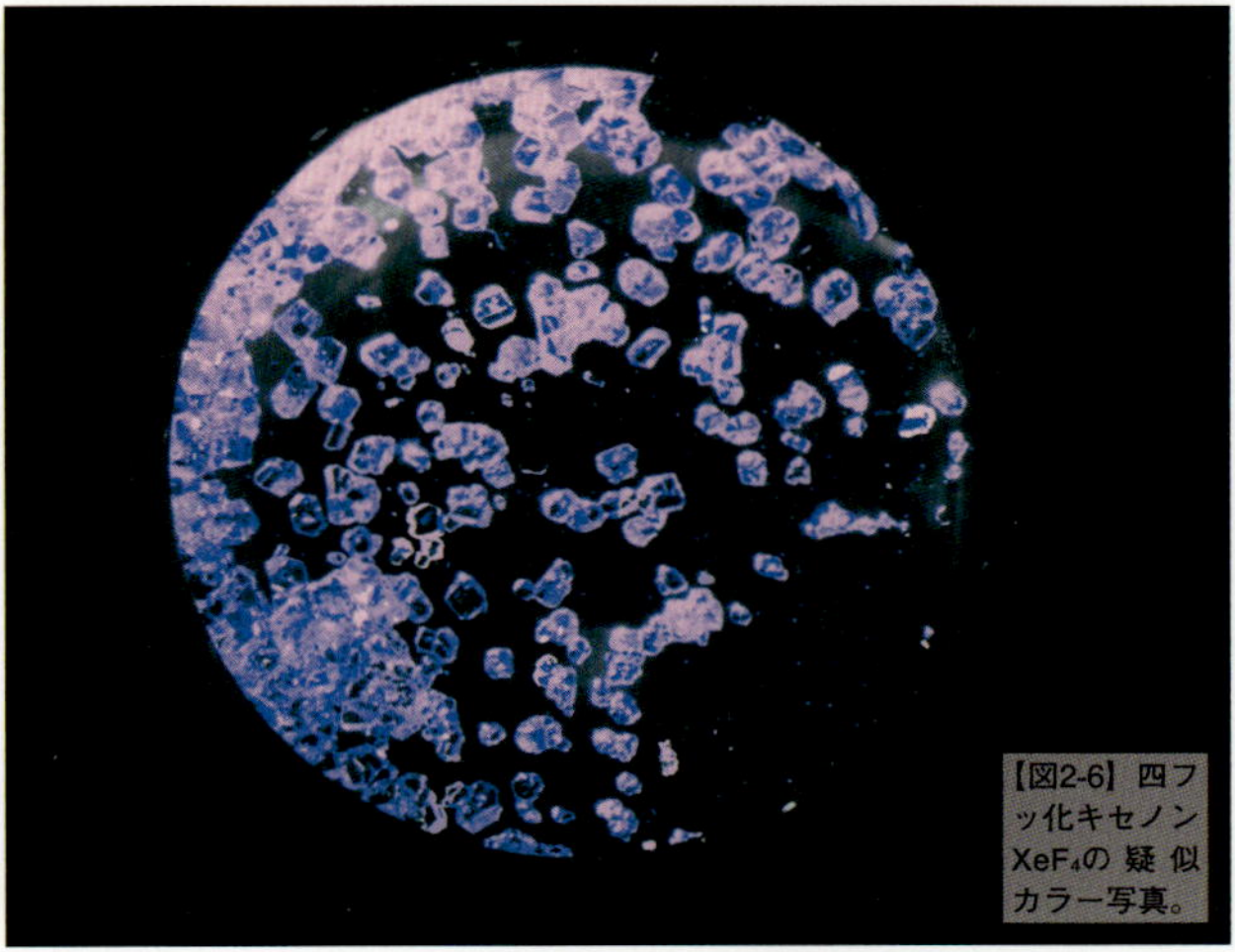

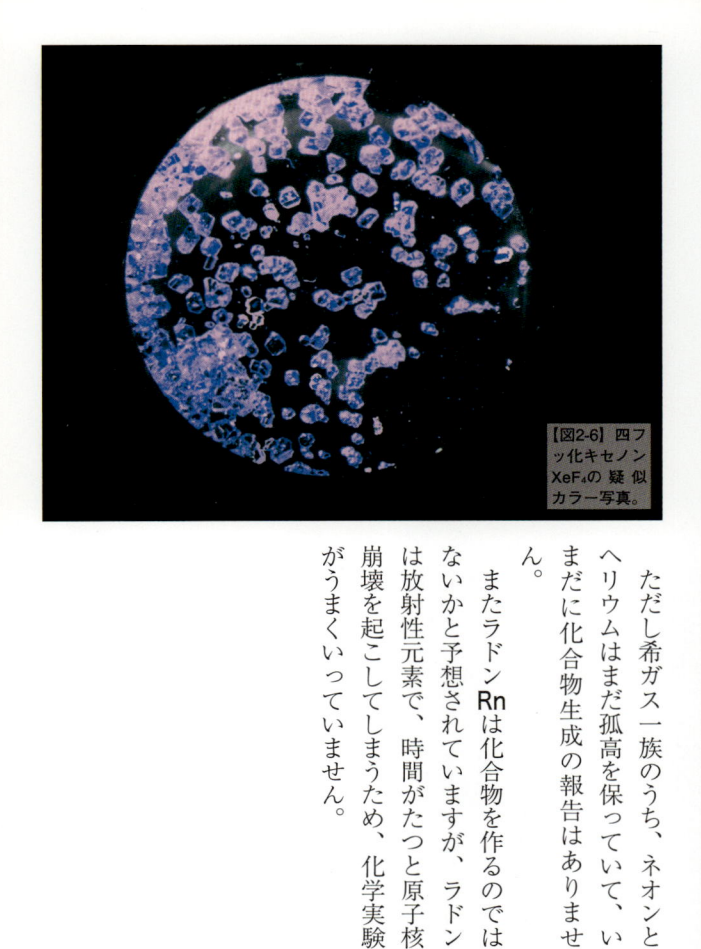

【図2-6】四フッ化キセノンXeF_4の疑似カラー写真。

ただし希ガス一族のうち、ネオンとヘリウムはまだ孤高を保っていて、いまだに化合物生成の報告はありません。

またラドンRnは化合物を作るのではないかと予想されていますが、ラドンは放射性元素で、時間がたつと原子核崩壊を起こしてしまうため、化学実験がうまくいっていません。

Kr クリプトン

Krypton

液体の沸点の差から取り出された

原子番号 36

原子量 83.80

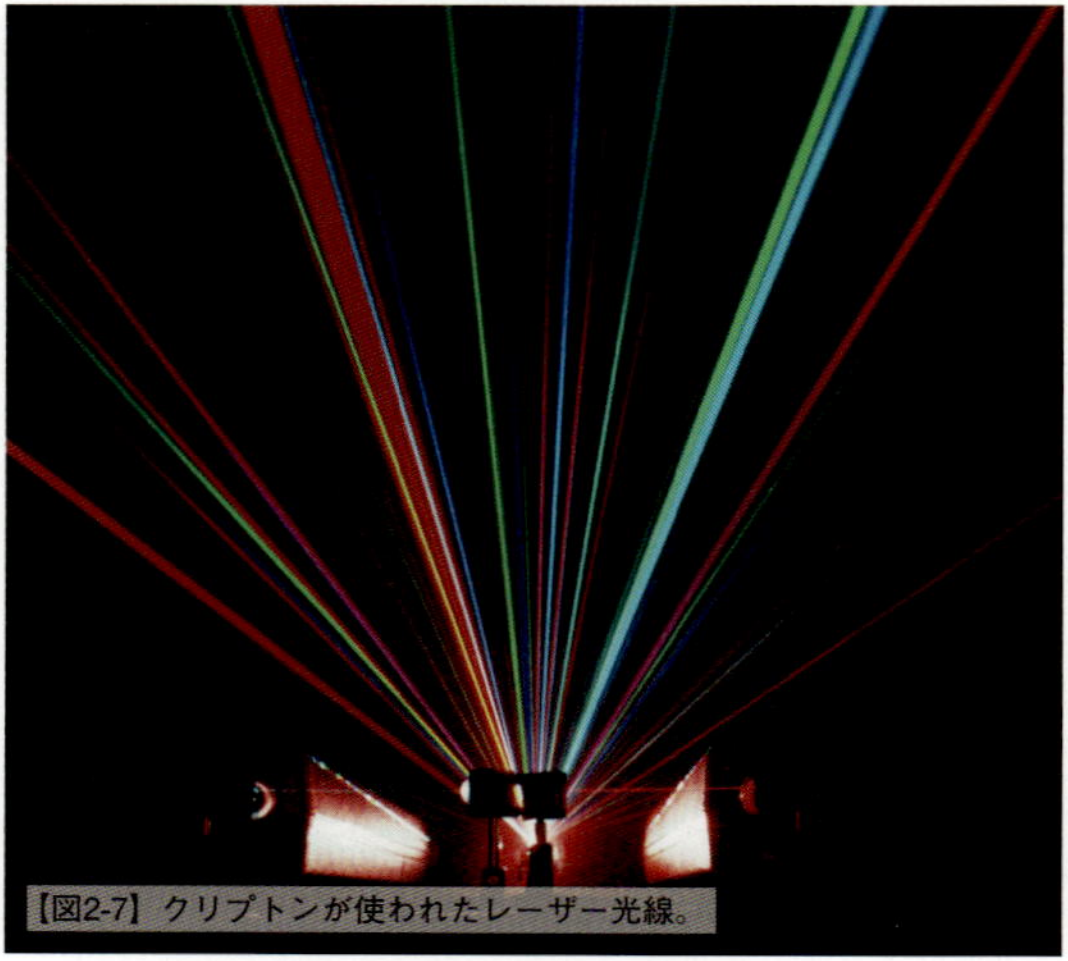

【図2-7】クリプトンが使われたレーザー光線。

クリプトンは周期表右端の希ガスの一族です。最初、メンデレーエフが作った周期表には希ガスの入る場所がなかったため、化学者からは不信の目で見られた希ガスですが、ヘリウムHeが地中から、アルゴンArが空気中に見つかって、元素として認められました。

クリプトンもまた空気にごくわずかに混じっている成分です。空気から分離した液体アルゴン（沸点マイナス185・86度）の中にさらに微少量混じっている液体クリプトン（沸点マイナス153・35度）を、沸点の違いを利用して取り出しました。

3 章

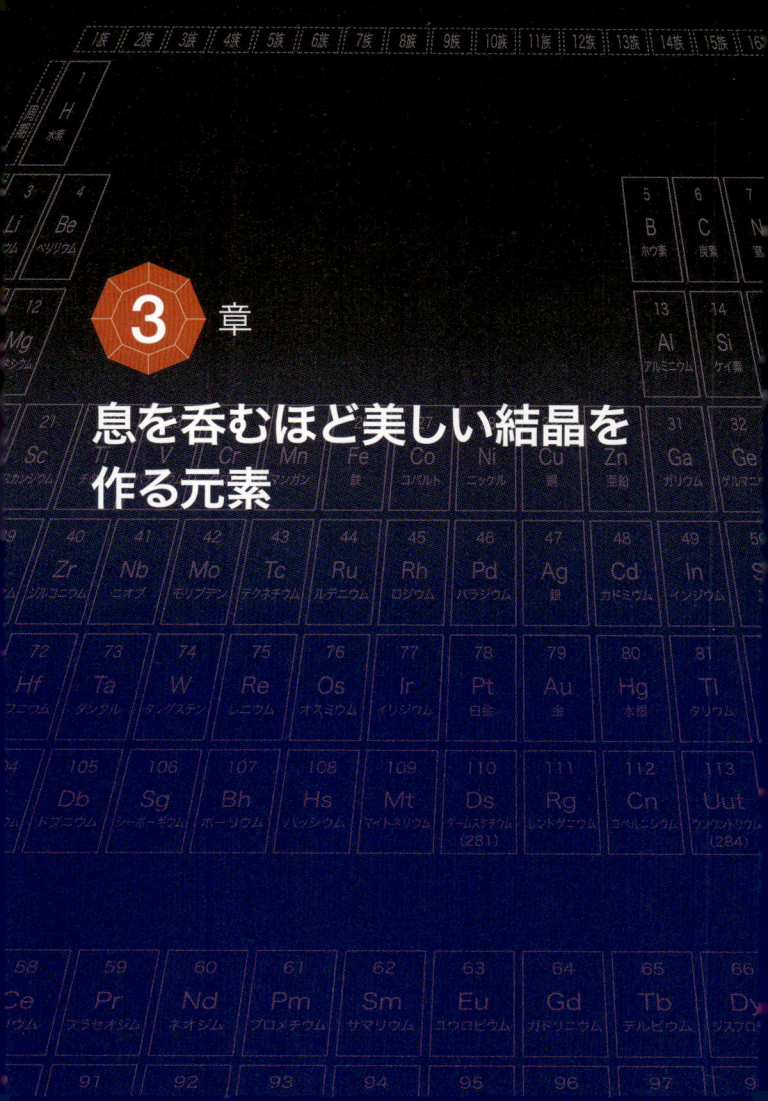

息を呑むほど美しい結晶を作る元素

C

炭素 Carbon

宝石から先端技術まで、八面六臂の働きもの

原子番号
6
原子量
12.00〜12.02

ダイヤモンドは炭素の結晶です。地球上の物質の中で最高の硬度を誇ります。高圧下で生成し、自然界では稀《まれ》にしか見つからず、宝石として珍重《ちんちょう》されます。大きなダイヤモンドを人工的に合成することは困難です。

ダイヤモンドはその硬さのため、刃物の刃、研磨材など、工業材料としても利用されます。塩化ビニル製円盤のレコードが音声の記録に使われていた頃は、ダイヤモンドを先端につけた針がレコード表面の凹凸信号を読み出すのに用いられていました。

ダイヤモンドの結晶は、炭素原子どうしが共有結合という強力な結合でがっちり組み合わさってできています。炭素原子は上下左右の炭素原子と共有結合で手をつなぎ、立体的な結晶構造を作っています。

カーボン・ナノチューブという物質は、やはり共有結合で炭素原子が結び付いてできていますが、ダイヤモンドとは全く異なる円筒状をしています。炭素（カーボン）でできた、直径が原子サイズ（数ナノメートル程度）の円筒（チューブ）なので、カーボン・ナノチューブです。

【図3-1】純粋な炭素からなるダイヤモンドは無色透明。上図が原石で、下図がカットされたもの。

カーボン・ナノチューブは存在が人類によって認識されてからまだ日が浅く、工業的な応用はこれからです。ダイヤモンドの糸ともいえる、きわめて強靭《きょうじん》な繊維が、建築や構造物や身の回りの製品を劇的に変えていくかもしれません。

ダイヤモンドやカーボン・ナノチューブや、次に示す木炭や石油は、全て炭素からできています。これらは結晶構造が違い、そのため見かけも、硬いかたまりや、繊維や、液体とさまざまです。

炭素原子は共有結合によって、鎖のように一列につながったり、布のように平面を作ったり、三次元空間を密に埋め尽くしたり、自由な形態をとるので、炭素から成る物質はさまざまな形態をとるのです。炭素原子は自由自在に結晶や分子を作るブロック玩具のようです。

炭素は人間社会にも、ヒトという生物の生存にも、欠かすことのできない元素です。

肉、すなわちタンパク質は炭素を組成に含み、植物は糖やセルロースなどやはり炭素を含む分子でできています。炭素からできた肉体を持つ私たちは炭素を食べて炭素を吐いて暮らしているわけです。

【図3-2】カーボン・ナノチューブの構造のコンピュータ・グラフィクス。炭素原子が円筒状に並んでいる。パチンコ玉のような球が炭素原子。

そうしてヒトやその他動物や微生物によって消化され、分解されて、最後に二酸化炭素CO_2になった炭素は、植物に吸われて日光のエネルギーをもらって、糖やセルロースに変化して、また生物の炭素サイクルにまわされます。

植物が二酸化炭素を糖やセルロースに変える化学過程は光合成と呼ばれます。

地球上のほとんどの動物は植物を食物として消費するだけですが、ヒトは新しい利用法をいくつも思いつきました。

一つは植物のセルロースを衣服や建築材料に利用することです。（これは

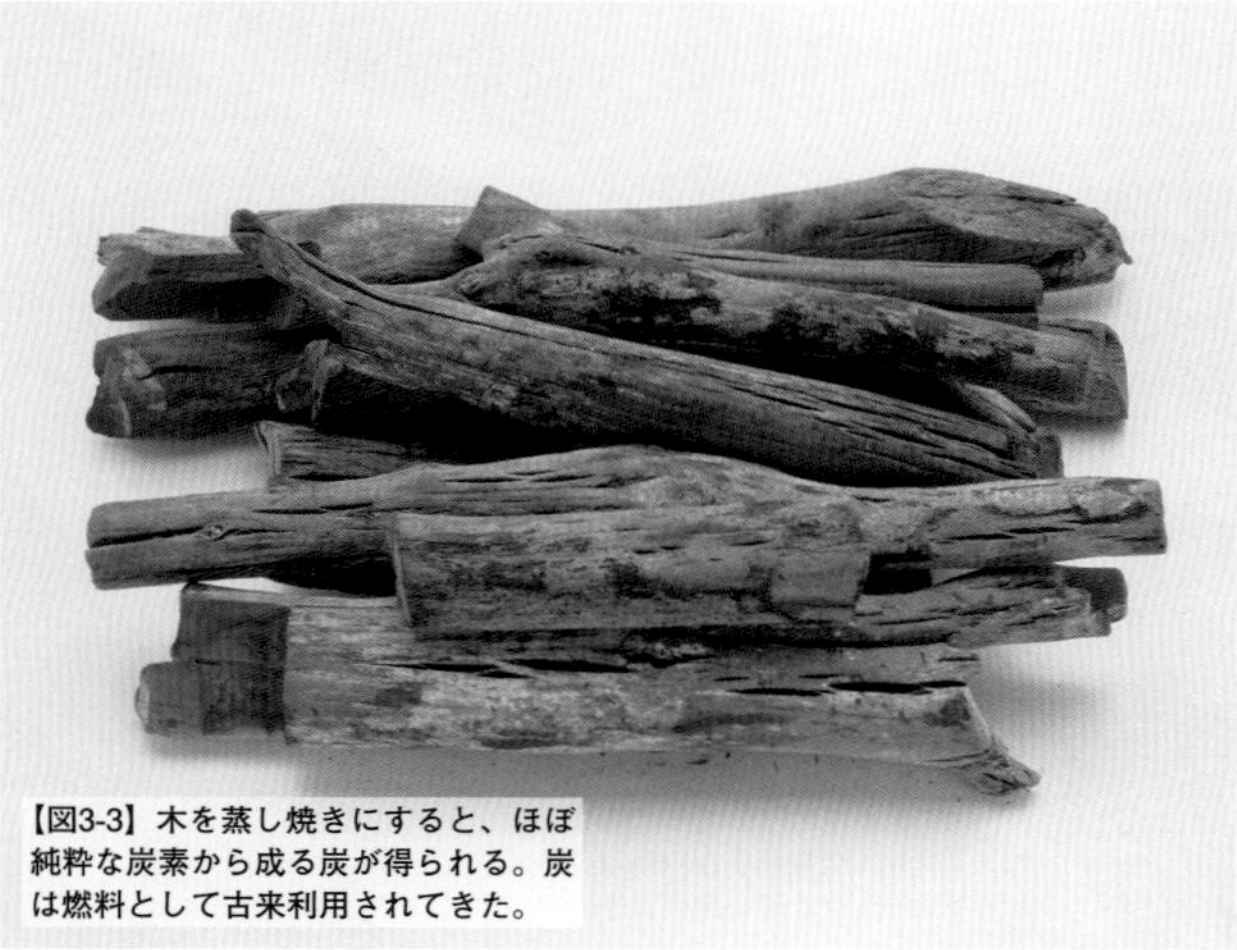

【図3-3】 木を蒸し焼きにすると、ほぼ純粋な炭素から成る炭が得られる。炭は燃料として古来利用されてきた。

ミノムシの簑《みの》や、トリの巣や、ビーバーのダムなど、他の動物も行なっている例があります。）

ヒトのもう一つの思いつきは、燃料です。これは他の動物に見られない独創的な利用法です。ヒトは薪や、薪を加工した炭（図3-3）を燃料として、冬の凍死を防ぎ、食べ物を熱することによって寄生虫や食中毒菌を退治し、金属などを加工することによって青銅器文明や鉄器文明を築きました。

地中には炭素資源が埋まっています。天然ガスと呼ばれる、炭素を含むメタンCH_2などの気体が埋まっていることがあります。また、石油や原油と呼ばれる、炭素化合物の液体が埋まっ

【図3-4】石油を手に受ける労働者。アゼルバイジャンのバクーにて。

ていることもあります。これは燃料としてばかりでなく、プラスチックなど合成樹脂としても使われます。

図3-4は天然の石油です。地下資源の石油と石炭は、かつて地上にあって生物の体となった炭素が、地中で長い年月をかけ、よくわかっていない何らかの化学変化を経て、現在のような石油と石炭に変じたと考えられています。

植物の特筆すべき三つ目の使用方法は記録媒体です。セルロースをシート状に加工した「紙」と呼ばれる製品は、インクで記号を書きつけると、情報を格納できるのです。

Bi

ビスマス
Bismuth

自宅でも作れる、神秘の虹色

原子番号
83
原子量
209.0

ビスマスは原子番号83、周期表で鉛Pbのとなりに位置する金属です。融点《ゆうてん》（固体が液体になる温度）は鉛の327・5度より低い271・4度で、ビスマスのかけらをステンレス鍋に入れて熱すると簡単に融《と》かせます。

ビスマスの特筆すべき特徴は、急速に冷却されて固化すると、複雑な形状の美しい結晶を形成することです。

ビスマスがすっかり融けて液体になったら鍋を火から下ろし、しばらく待ちます。表面に固体ビスマスの膜が生じたら、ピンセットなどでこれを取り出すと、美しい結晶が生じているのを見ることができます。火傷《やけど》しないように充分注意してください。

普通の物質は、融点以上の高温で融けて液体になり、融点以下に冷やされると結晶化して固体になります。

けれども結晶の核となる粒が液体中に存在しないなどの理由で、融点以下に温度が下がっても結晶を生じず、液体の状態を保つことがあります。過冷却という現象です。

【図3-5】ビスマスの結晶。溶融したビスマスを過冷却状態にすると、複雑な構造の結晶を形成。

【図3-6】ビスマスの原石。

本来、ビスマスの結晶は立方体ですが、過冷却状態の溶融ビスマスの中で急に結晶が成長すると、立方体の辺の部分だけが先に成長し、結果として図3-5のような複雑な形を生みだします。

これは、水という物質が本来六角形の結晶を作るのに、過冷却状態では、雪の結晶として知られる複雑な形状を作る現象と同じ原理です。

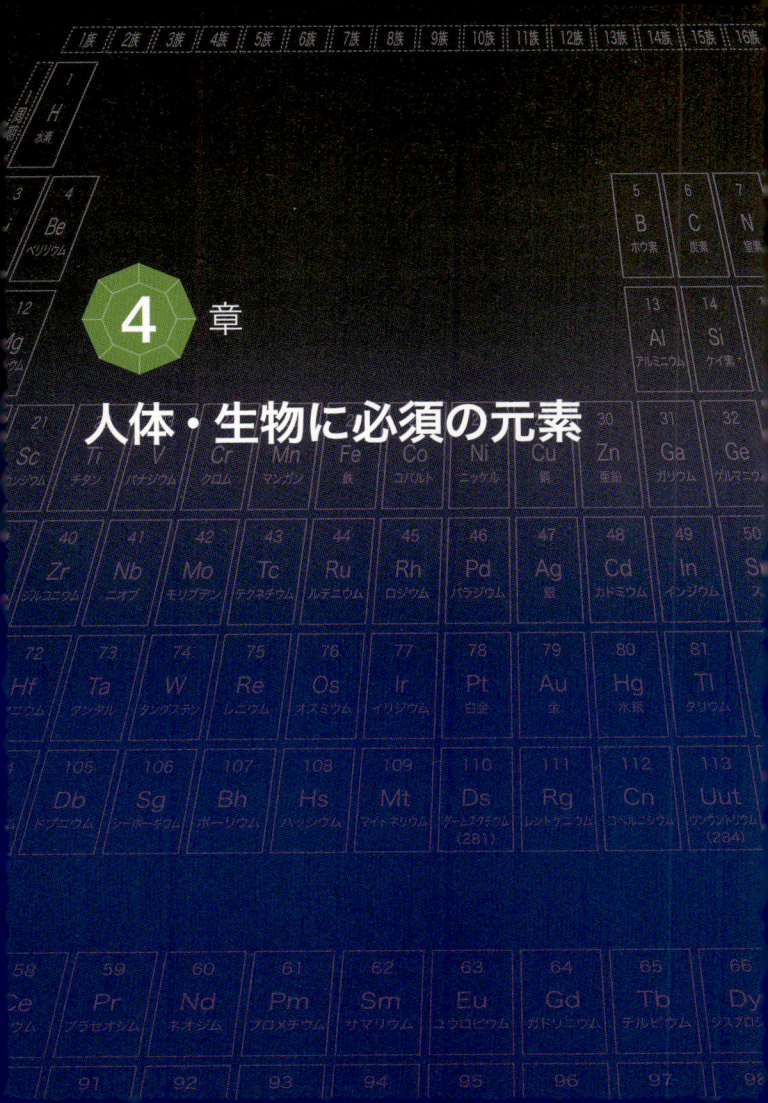

4章

人体・生物に必須の元素

O

Oxygen

酸素 生命に欠かせない〝毒ガス〟

原子番号	原子量
8	15.99〜16.00

酸素は化学的に反応しやすい元素です。

物質が酸素と化合すると、つまり物質が酸化すると、熱が生じます。この熱のために酸化がますます促進されてどんどん進行することを燃焼といいます。酸素ガスO_2は物質を燃焼させる気体です。

図4-1は酸素ガスをマイナス182・96度まで冷やして液体にしたところです。液体にするとうっすら青く色づきます。また酸素分子は弱い磁性《じせい》（磁気を帯びる性質）を持つので、液体酸素は磁石に引かれます。普段は無味無臭で目立たない酸素の意外な性質です。

液体酸素は室温ではコポコポ沸騰し、蒸発して酸素ガスになります。換気の悪い室内に液体酸素を放置すると、次第に酸素ガスの濃度が高まり、すると物がよく燃焼するので、火災の危険があります。酸素の強い酸化力のため、冷却や冷凍などの用途には、液体酸素は勧められません。

火災事故の恐れのない液体窒素の方が広く使われています。

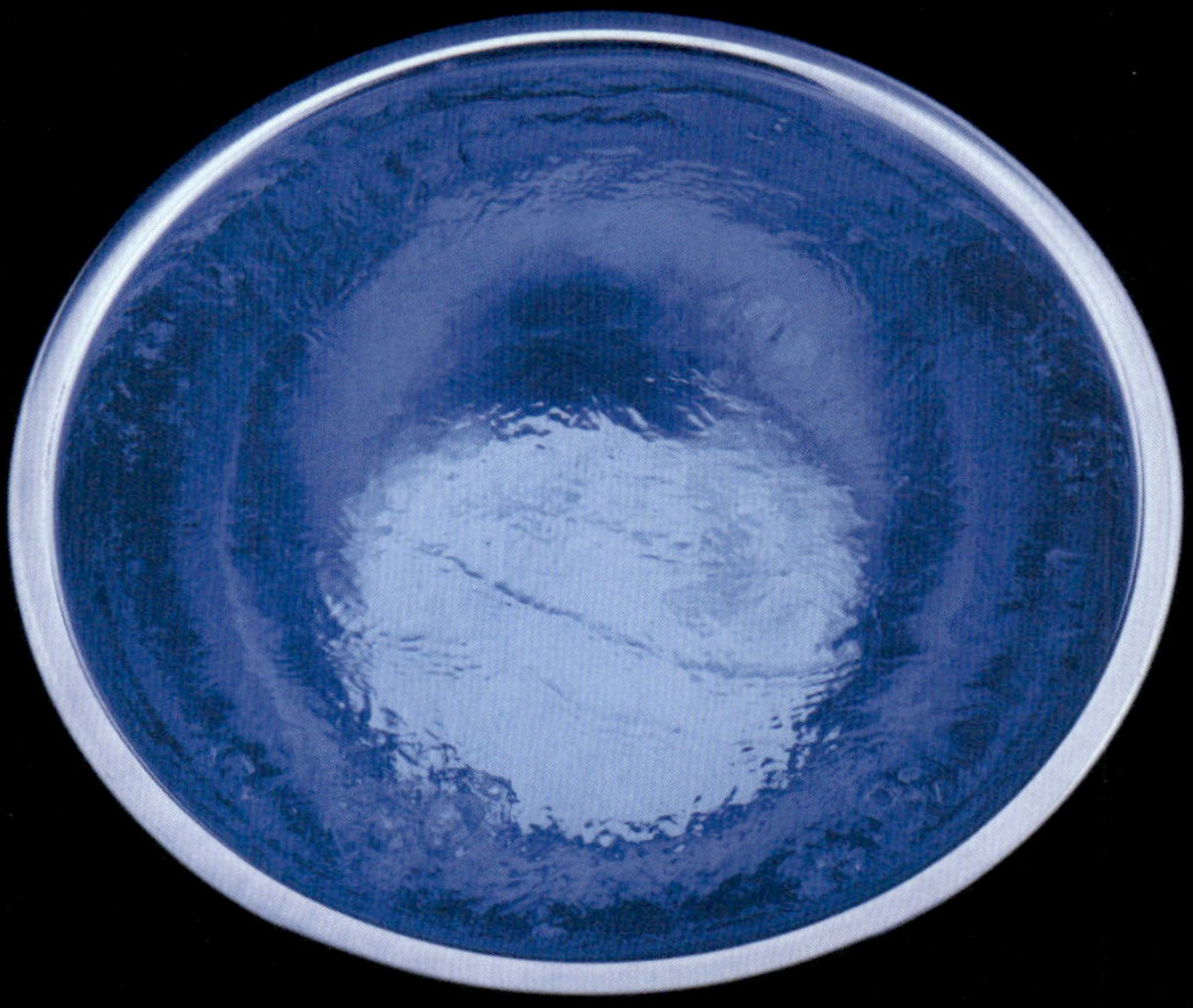

【図4-1】常温・常圧では酸素は無色の気体だが、マイナス182.96℃まで冷やすとうっすら青い液体に。容器に入れて室温にさらすと、マイナス182.96℃を保ったまま沸騰して蒸発する。

酸素は容易に他の物質と化合するので不安定な物質です。空気中の酸素は徐々に他の物質と化合して失われます。

金星や火星など他の惑星には大気がありますが、その成分に酸素ガスはほとんど含まれません。

もし過去に酸素ガスを持っていたとしても、他の物質を酸化するのに使われてしまったのでしょう。

地球は大気中に酸素ガスをふくむ珍しい惑星です。もちろんこれは、地球に生命、特に植物が存在するという特別な事情のためです。

地球には光合成を行なう緑色植物や藻類《そうるい》が住んでいて、これらがせっせと大気中の二酸化炭素CO_2を吸収し、日光のエネルギーを用いて水H_2Oと反応させ、糖$C_6O_6H_{12}$など栄養物を作っています。この光合成というプロセスは、排気ガスとして酸素ガスを出します。このために地球の空気中には酸素ガスが含まれるのです。

光合成を発明したのはシアノバクテリアという微生物だと考えられています。おそらく35億年ほど昔のことです。図4-2にシアノバクテリアの仲間を示します。

【図4-2】シアノバクテリアの仲間。地球の歴史で最初期に光合成を行なった生物はシアノバクテリアだと考えられている。

他の微生物は、シアノバクテリアを体内に取り込んで共生することによって、シアノバクテリアの光合成能力を利用しました。

現在の緑色植物はそうやってシアノバクテリアを取り込んだ生物の子孫です。その証拠に、太古のシアノバクテリアの遺伝子が緑色植物の細胞内の葉緑体に残っています。葉緑体はもともと独立した生物でしたが、植物の細胞内で暮らすうちに退化して、細胞器官になったと考えられています。

約35億年前に光合成を発明したバクテリアは、その後10億年ほどかけて、大気中のこの毒ガス濃度を高めました。地球の大気の組成は変わり、現在では空気には30パーセントの酸素ガスが含まれています。

すでに述べたように、酸素ガスは反応性が高く物質を酸化させるガスです。生物にとっても毒です。

多くの生物はこれに困り、酸素の少ない土中や水中に逃げ込むものもいました。しかし私たちの先祖の微生物は、これを積極的に利用する戦略をとりました。光合成生物が作った糖を、酸素ガスを用いて酸化し、この反応でエネルギーを得るのです。

私たちは現在では酸素ガスを平気で呼吸し、酸素ガスがなければ窒息してしまいます。しかしこれはかつては当たり前の生き方ではありませんでした。私たちは、酸素ガスという排気ガスが大気中に増えたため、それに適応した生命なのです。

水は水素Hが酸化したものです。地球の表面には多量に存在し、海と呼ばれる水溜まりを作っています。

地球で発生した生物にとって、水は重要な物質です。そもそも最初に生命が誕生したのも水の中だといわれています。私たち生物は体内に水を貯え、体内の重要な反応

【図4-3】水は酸素と水素Hの化合物で、生命は海の中で発生したと考えられている。水中の生物も陸に上がった生物も、水がなくては生きられない。

は細胞の水の中で進行します。その多くは海中に住んでいたころの祖先が開発した反応でしょう。私たち生物は、水という形態の酸素を絶えず利用しています。

　呼吸ガスとしても、水としても、生命を構成する無数の物質の材料としても、酸素は現在の生命にとって不可欠です。

N

Nitrogen

窒素 これがなければ、ヒトは創れない

原子番号
7
原子量
14.00～14.01

窒素ガスN_2は空気の70パーセントを占める主成分です。無色無臭で、「空気のように」目立たない存在です。反応しにくく、他の物質と混ぜても熱しても、なかなか化合も分解もしません。

ところがこの反応しにくい窒素は生命に使われまくっている元素です。

窒素を含む生体内の分子は多くありますが、生命と関わる役割としてまず挙げられるのがアミノ酸です。

図4-4に示す例は、システインというアミノ酸です。生命の採用する20種類のアミノ酸のひとつです。髪の毛に多く含まれます。

アミノ酸はアミノ基（$-NH_2$）を持つ分子で、窒素を含みます。アミノ酸はタンパク質の材料です。タンパク質は生物の体を作ります。つまり私たちの体はアミノ酸からできているといっていいでしょう。

アミノ酸は化学反応を処理する酵素という分子機械となります。

今も細胞の中でアミノ酸からなる無数の機械がばりばり働いています。

【図4-4】偏光顕微鏡によるアミノ酸（システイン）の結晶集合。

生命活動とは全く異なる窒素の利用法を挙げておきましょう。火薬・爆薬です。窒素化合物の中には、適切な条件下で急速に燃焼し、大きな熱を生じるものがあります。そういう化合物は火薬として使えます。そういう化合物のひとつ、ニトログリセリン$C_3H_5(ONO_2)_3$は、強力な火薬です。ちょっとした衝撃で着火するので、扱いが難しく、危険です。

アルフレッド・ノーベルは、ニトログリセリンを珪藻土《けいそうど》に染み込ませると、衝撃で爆発しない扱いやすい爆薬となることを見つけました。これに雷管をつけるとダイナマイトの発明です。

ダイナマイトは土木工事、採掘、ビル解体などに使われます。図4-5はビル解体の様子です。

ダイナマイトは商業的に成功しましたが、軍事用にも使われました。気が咎《とが》めたノーベルがノーベル賞を創設したことは有名です。

なおニトログリセリンは血管拡張作用があり、狭心症の薬としても使われます。これもニトログリセリンの平和的利用のひとつです。

【図4-5】大量の爆薬を使って行うビルの解体。

P

リン Phosphorus

見た目と裏腹な「最低」の発見方法

原子番号
15
原子量
30.97

リンは尿から発見された元素です。

17世紀、医師兼錬金術師のヘニッヒ・ブラントは、おそらく医学と錬金術両方の研究目的で、尿を煮詰める実験を行ないました。

その方法は、尿を手桶に50杯ほど集め、14〜15日おいて虫がわくまで腐敗させ、大釜で煮詰めるという、聞いただけで鼻が曲がりそうなものでした。家族と近所から抗議が来そうな実験ですが、この結果リンが初めて抽出されました。

リンは（その抽出方法とは裏腹に）美しい元素でした。低温で燃える性質があり、燐光《りんこう》を発して燃えました。

純粋なリンを集めると結晶を作りますが、結晶を作る際の温度・圧力などの条件によって、とりうる結晶構造がちがいます。組成は同じで結晶構造のちがう物質は、同素体と呼ばれて区別されます。リンの同素体はその色によって白リン、赤リン、黒リンに分類されます。白リンは60度の低温で燃えるため、図4-6のように水中などに保存します。

【図4-6】 白リンは60℃の低温で発火するため、水中保存する。白リンに不純物が混じるとこのように黄色がかって見えるため、黄リンとも呼ばれる。

低温で発火するという白リンの性質は、マッチに利用されました。若い読者の中には知らない人もいるかもしれませんが、マッチとは木切れの先端に燃えやすい物質を塗り付けた物です。この道具をリンが含まれる固い紙に擦り付けると、火が発生します。

幸いなことに、マッチに使われるリンは尿ではなくリン鉱石に由来するものです。

尿から発見されたことからもわかるように、リンは生体内で利用される元素です。その使い道はさまざまありますが、ひとつ挙げると、デオキシリボ核酸(DeoxyriboNucleic Acid)、略してＤＮＡと呼ばれる高分子はリンを含みます。

ＤＮＡは、遺伝情報を記録する媒体として、地球上のほとんど全ての生物が採用している物質です。アデニン、グアニン、シトシン、チミンという４種類の分子を鎖状につないでできている長い長い分子です。ＤＮＡはこの４種類の文字によって書かれた〝文章〟です。この〝文章〟が生物の体の構造や機能を記述しています。生物は自分のＤＮＡをコピーして子に渡し、そうして親の形質が子に伝わるという仕組みです。

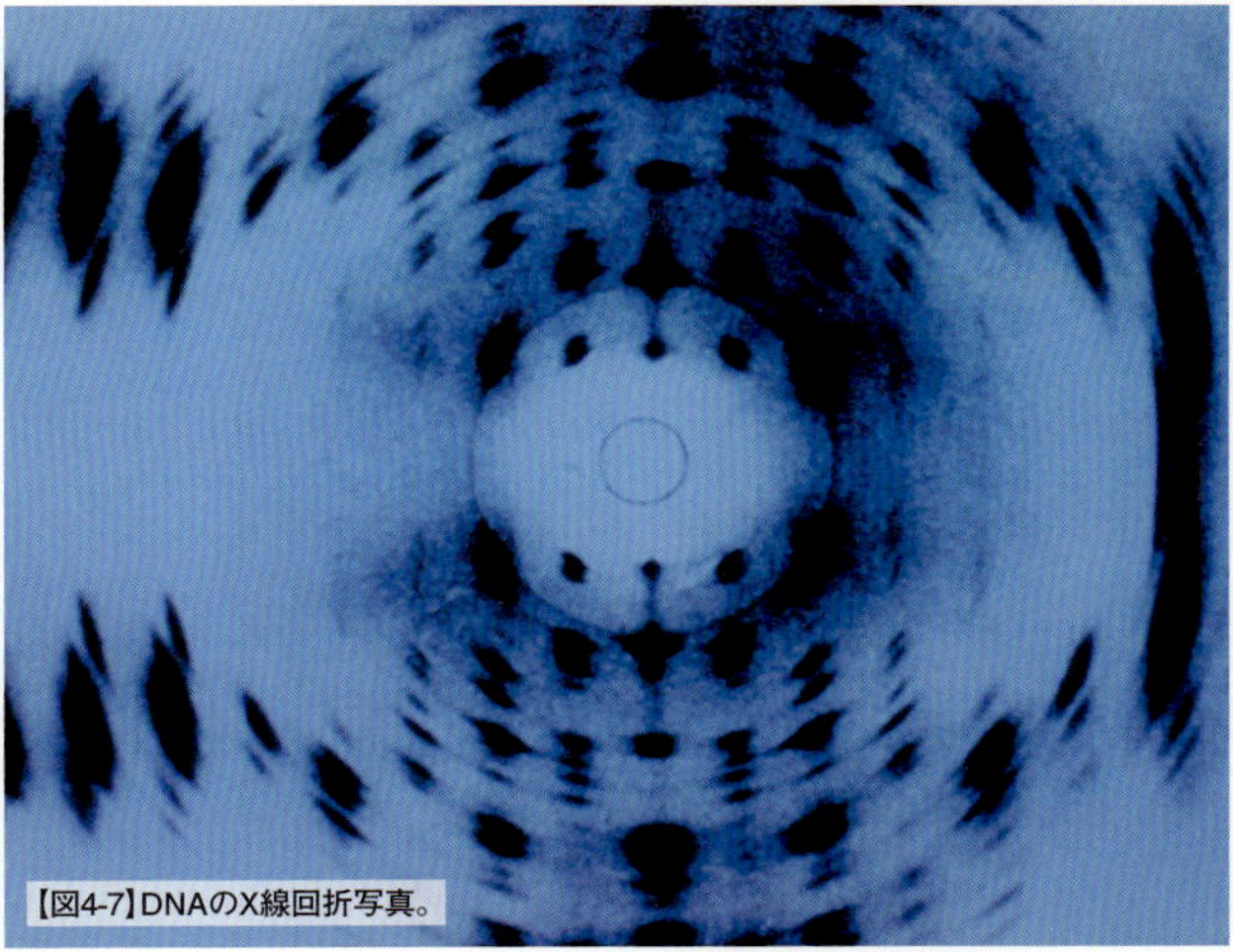
【図4-7】DNAのX線回折写真。

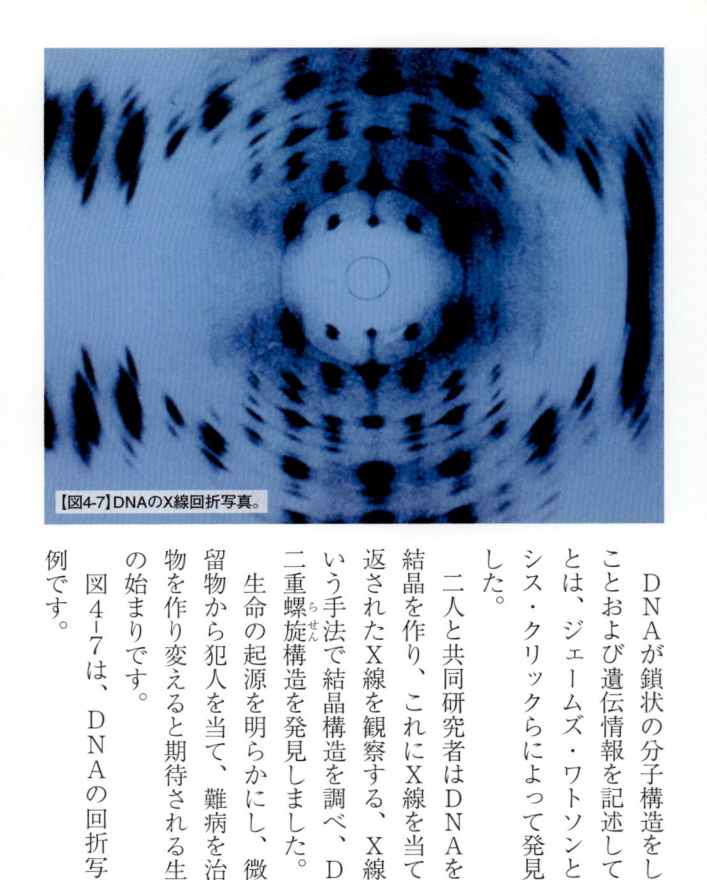

DNAが鎖状の分子構造をしていることおよび遺伝情報を記述していることは、ジェームズ・ワトソンとフランシス・クリックらによって発見されました。

二人と共同研究者はDNAを集めて結晶を作り、これにX線を当てて跳ね返されたX線を観察する、X線回折《かいせつ》という手法で結晶構造を調べ、DNAの二重螺旋《らせん》構造を発見しました。

生命の起源を明らかにし、微量の遺留物から犯人を当て、難病を治し、生物を作り変えると期待される生命工学の始まりです。

図4-7は、DNAの回折写真の一例です。

【図4-8】まるで植物のようなマグネシウムの結晶。

Mg

マグネシウム

Magnesium

光合成を支える緑の元素

原子番号
12

原子量
24.30～24.31

緑色植物は太陽光を浴びて、二酸化炭素CO_2を吸収し、酸素ガスO_2とデンプン$C_6O_6H_{12}$を作ります。地球上の生命活動を支える光合成です。

ヒトを含む、酸素を呼吸する生物は、デンプンを食べて酸素ガスを吸い、二酸化炭素を吐き出します。緑色植物の細胞内にあって光合成を行なう葉緑素の分子には、マグネシウムが用いられています。

植物の緑色はこのマグネシウムを含む分子の色です。

Ca

カルシウム

Calcium

体内で鉱石が作られる

原子番号 20

原子量 40.08

【図4-9】温泉で有名なトルコ、パムッカレの石灰（炭酸カルシウム）棚。

カルシウムが骨に欠かせないことはよく知られています。水酸リン灰石$Ca_5(PO_4)_3OH$、別名ハイドロキシアパタイトは、カルシウムを含む鉱石の一種ですが、体内でも合成され、骨や歯を補強します。水酸リン灰石は骨の硬い組織の約半分の質量を占めます。鉱石が体内で作られるとはちょっと不思議です。カルシウム・イオンCa^{2+}はまた細胞内外に存在し、さまざまな生体反応に関わっています。例えば筋肉細胞に収縮を引き起こします。私たちが運動するとき、体内ではカルシウム・イオンが活躍しています。

Mn

マンガン

Manganese

海底に眠る生物由来の結晶

原子番号 25
原子量 54.94

海の底に眠るマンガンの鉱床《こうしょう》があります。水深５００メートルの海底には、マンガン・ノジュールと呼ばれる直径数センチメートルの金属塊が無数に転がっています。その成分はマンガンの他、鉄Fe、ケイ素Si、アルミニウムAlなどで、総量は５０００億トンと見積もられています。微生物の死骸、鮫《さめ》の歯、玄武岩《げんぶがん》のかけらなどの微小な核の周囲に、海水中の金属が析出《せきしゅつ》し、数千万年かけてゆっくり成長してきたものだと考えられています。意外なことに、その多くが生物起源のようです。

K

カリウム

Potassium

細胞内外を行き来するイオン

原子番号 19
原子量 39.10

カリウム原子から電子が１個取れたものはカリウム・イオンK^+と呼ばれます。カリウム・イオンは生体に不可欠な物質で、細胞内外を泳ぎ回っています。細胞の壁にはカリウム・イオン専用の出入り口「カリウム・チャネル」や、ナトリウム・イオンを汲み出しカリウム・イオンを汲み入れるナトリウム―カリウム・ポンプなどが取りつけられていて、細胞はこれを開けたり閉じたり働かせて細胞内外のイオンの濃度を調節します。これらチャネルやポンプは分子で作られた極微の精巧な装置です。

Zn 亜鉛 *Zinc* 体内で鉄に次いで多い元素

原子番号 30
原子量 65.38

亜《あ》鉛《えん》は体内で鉄Feに次いで多い元素で、100種以上の酵素反応に関わっています。酵素という生体分子の役割の一つは、他の分子に働いて化学反応を起こすものです。酵素は亜鉛を構造材として、反応する標的分子の固定材として、反応を促進する触媒として、酸化剤としてなど、さまざまに利用します。生体内で縦横無尽に活躍する亜鉛が不足すると、ある種の小人症、味覚異常、肝臓障害、皮膚炎など、多種多様な病気が引き起こされます。

Se セレン *Selenium* 不足すると心不全に

原子番号 34
原子量 78.97

セレンは微量必須元素の一つです。セレン原子を含むアミノ酸であるセレノシステインは体内でさまざまな役割を担っています。たとえば肝臓や心臓で働く過酸化グルタチオン酵素はセレノシステインを含みます。セレンが不足すると、心不全などさまざまな症状が引き起こされます。しかし、だからといってセレンを過剰に摂取すると、やはり病気になります。

I

ヨウ素 Iodine

甲状腺に貯えられる

原子番号
53
原子量
126.9

ヨウ素は人体にもわずかに含まれる必須元素です。体重50キログラムの人体には約8ミリグラムのヨウ素が存在し、そのほとんどは甲状腺《こうじょうせん》という内分泌腺に貯えられています。

核分裂を利用する原子力技術では、核分裂の断片としてヨウ素131 ^{131}I が生じ、これは半減期8日の放射性の核種です。もし原子力施設の事故や原子力兵器により、核分裂の断片が環境に放出されると、中に含まれるヨウ素131は放射線障害の原因となります。

ヒトの場合、この被害を防ぐには、放射性でないヨウ素錠剤が有効です。非放射性ヨウ素がすでに甲状腺に貯えられているなら、人体が取り込む放射性のヨウ素が少なくすむからです。

5章

夜空をいろどる花火の元素

Na

ナトリウム
Sodium

水中で燃えるアルカリ金属

原子番号
11
原子量
22.99

ナトリウムは私たちが毎日食べている元素です。食塩すなわち塩化ナトリウム$NaCl$に含まれています。

純粋なナトリウムは銀色の金属です。

きわめて酸化されやすい物質で、図5-1のように、水H_2Oと接触しても激しく反応します。

もちろん空気中の酸素O_2によっても酸化されます。保存する場合は油の中に入れ、空気とも水とも触れないようにします。

ナトリウムは水中で酸化されて水酸化ナトリウム$NaOH$となり、強いアルカリ性を示します。このためナトリウムはアルカリ金属と呼ばれます。

ナトリウムを炎にさらすと、炎が図5-1のようにきれいな明るい黄色に染まります。これが炎色反応です。

炎の中ではナトリウムの原子が舞い上がり、衝突しています。

【図5-1】水を含ませたティッシュ・ペーパーを金属ナトリウムの表面に接触させたところ。金属ナトリウムは水と激しく反応して酸化。炎色反応は明るい黄色になる。

ナトリウム原子に入っている電子はエネルギーを受け取ったり放出したりし、その際に出る光がこの特徴的な黄色の光なのです。

この光は原子の種類によって異なるので、光の波長を調べれば原子の種類がわかります。

アルカリ金属にはナトリウムの他に、リチウムLi、カリウムK、ルビジウムRb、セシウムCs、フランシウムFrが含まれます。

アルカリ金属はどれも美しい炎色反応を示し、その色はそれぞれ異なります。ただしフランシウムはごく微量しか集められたことがなく、炎色反応は確かめられていません。

花火は金属の炎色反応の応用です。アルカリ金属など美しい炎色反応を示す金属を火薬に混ぜ、炎に色を付けているのです。

図5-2のジェダイト（ヒスイ）はナトリウムNaを含む準宝石です。その組成は$NaAlSi_2O_6$ですが、アルミニウムAlの代わりに鉄Feが含まれると緑色になります。鉄を含まないものは白色です。

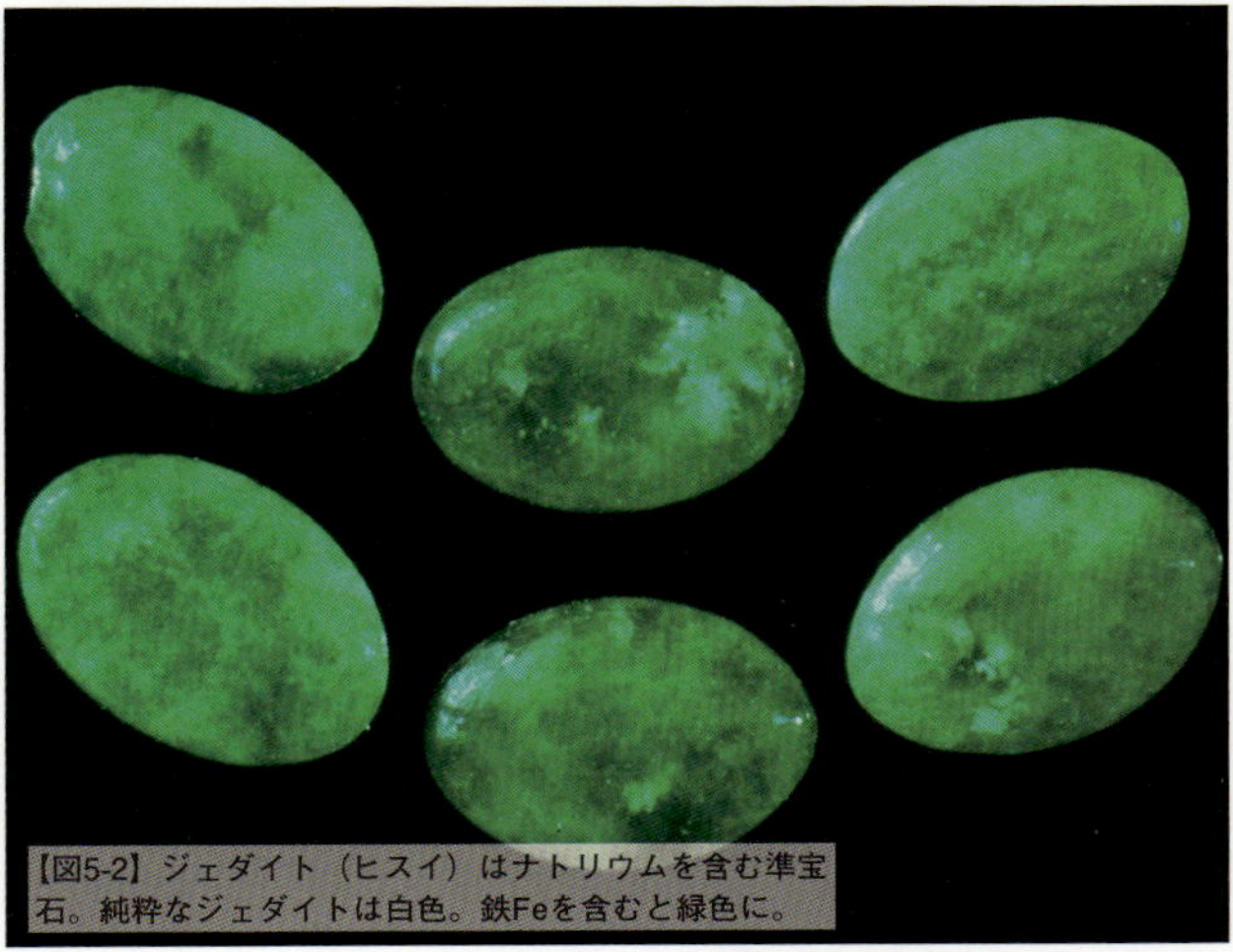

【図5-2】ジェダイト（ヒスイ）はナトリウムを含む準宝石。純粋なジェダイトは白色。鉄Feを含むと緑色に。

紛らわしいことに、ネフライトという鉱石もまたヒスイと呼ばれます。

ネフライトとジェダイトは色が似ていて区別がつきにくいですが、ネフライトはナトリウムを含まない全然別の鉱石です。

Cs セシウム
Caesium

美しい青の炎色反応

原子番号
55
原子量
132.9

炎色反応は花火に使われるきれいな現象というだけではありません。元素を分析するための重要な手法でもあります。組成の不明な物質の炎色反応を調べると、含まれている元素がわかるのです。

肉眼では微妙な色の差異は判別しにくいので、分析にはプリズムを用います。物質の炎色反応の光をプリズムで分けると、ある波長の光が特に明るい輝線として見えます。この輝線の波長は元素ごとにちがいます。ここからその物質に含まれている元素がわかるのです。これが分光とよばれる分析手法です。

物質の出す光を分光して、もしそのスペクトラム上に、これまで見たことのない輝線パターンが現われたら、それは未知の元素の発見ということになります。19世紀には分光によっていくつもの元素が発見されました。セシウムはそうして発見された元素の一つです。図5-3に見られるように、美しい青色を示し、「青空の色」を意味するラテン語からセシウムと名付けられました。

【図5-3】セシウムはアルカリ金属のひとつで、青色の炎色反応を示す。青空の色を意味するラテン語「セシウス」から命名された。

セシウムの特殊な利用法としては、原子時計があります。原子時計は、原子がある条件下で発する電磁波を時計の調整に用いるというものです。

単位を取り決める国際機関である「国際度量衡《どりょうこう》局」は、時間の基本単位「秒」を次のように定めています。

「セシウム１３３ ^{133}Cs原子の基底状態の２つの超微細準位間の遷移に対応する放射の９１９２６３１７７０周期の継続時間」

この（難解な）定義は、セシウムを用いる原子時計の原理に基づきます。セシウムを用いる原子時計は、セシウムの放射する電磁波が９１９２６３１７７０回振動したら１秒進むように調整されているのです。

世界の研究施設では、セシウム原子（または他の原子）を用いるきわめて精密な原子時計が作られて厳重に管理されています。

セシウムは自然界に少量しか産出せず、利用法も限られていて、いわばマイナーな元素でしたが、日本では２０１１年以降、急に関心を集めるようになりました。

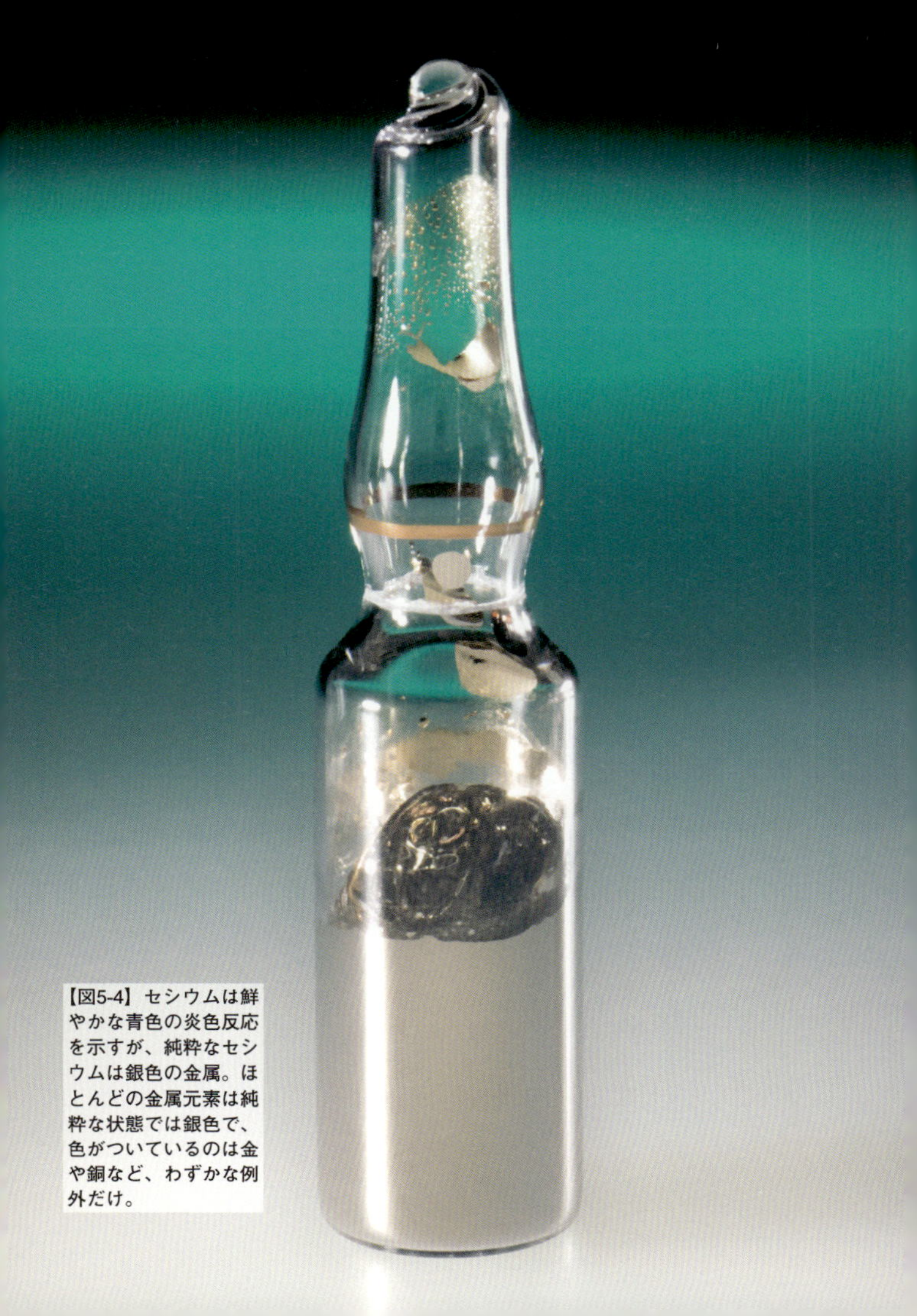

【図5-4】セシウムは鮮やかな青色の炎色反応を示すが、純粋なセシウムは銀色の金属。ほとんどの金属元素は純粋な状態では銀色で、色がついているのは金や銅など、わずかな例外だけ。

３月11日に起きた東日本大震災は福島第一原子力発電所の３機の原子炉を破壊し、放射性物質を環境に放出しました。

セシウム１３７ ^{137}Cs は、そのうち特に環境と生物に悪影響が懸念される核種です。自然界に見いだされるセシウムはセシウム１３３という安定な核種ですが、セシウム１３７は半減期30年の放射性核種です。セシウムは化学的に水に溶けやすいため、生物の体内に取り込まれる可能性があります。

図５-５は事故の２ヶ月後に採取されたコムギの葉と穂です。セシウム１３７とセシウム１３４ ^{134}Cs の崩壊による放射線が黒点として撮像《さつぞう》されています。事故時に生えていた葉３には黒点が見られ、放射性セシウムが表面に付着したことがわかります。一方、その後に生えた葉１、葉２と穂には放射性セシウムが見られず、コムギによって吸収された土壌中の放射性セシウムの量は少ないことがわかります。少なくともこの時点では、放射性セシウムによる植物の汚染経路は、表面への付着が主で、根からの吸収はそれに比べて微量であることがこの結果から示唆《しさ》されます。

写真

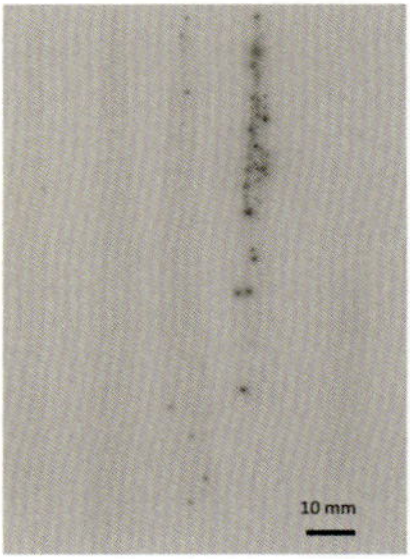

イメージング・プレート

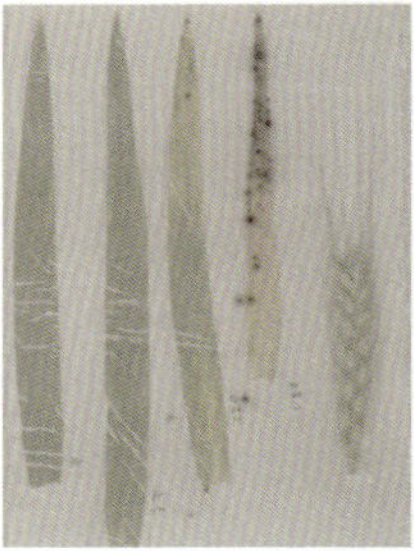

重ね合わせ

【図5-5】福島県で2011年5月15日に採取されたコムギ。通常のカラー写真と放射性物質の分布（黒点）を合成したもの、左から止葉、葉1、葉2、葉3、穂。福島第一原子力発電所の事故時に生えていた葉3の表面には放射性セシウムの付着が見られる。（田野井 et al., 2011, Radioisotopes, vol. 60, 317.）

Sr ストロンチウム Strontium 夏の夜空に〝花〟を咲かせる

原子番号 38
原子量 87.62

図5-6のように、ストロンチウムは赤紫色の炎色反応を示し、このため花火に使用されます。

ストロンチウムもまた、たやすく酸化される金属で、水酸化ストロンチウム$Sr(OH)_2$の水溶液は強アルカリ性です。ストロンチウムはアルカリ土類金属に分類されます。

ナトリウムNaやセシウムCsなどのアルカリ金属とのちがいは、酸化物に化合する水酸基OHの数です。アルカリ金属は水酸基1個と化合して水酸化ナトリウムNaOHや水酸化セシウムCsOHとなりますが、アルカリ土類金属は水酸基2個と化合して水酸化ストロンチウム$Sr(OH)_2$のような化合物を作ります。

放射性ストロンチウムも、放射性セシウムと同様に、環境と生物に悪影響を与える恐れのある物質です。ストロンチウム90 ^{90}SrはウランUの核反応で生じる核種の一つで、放射性であり、半減期は29年です。その酸化物は水によく溶けるため、生物の体

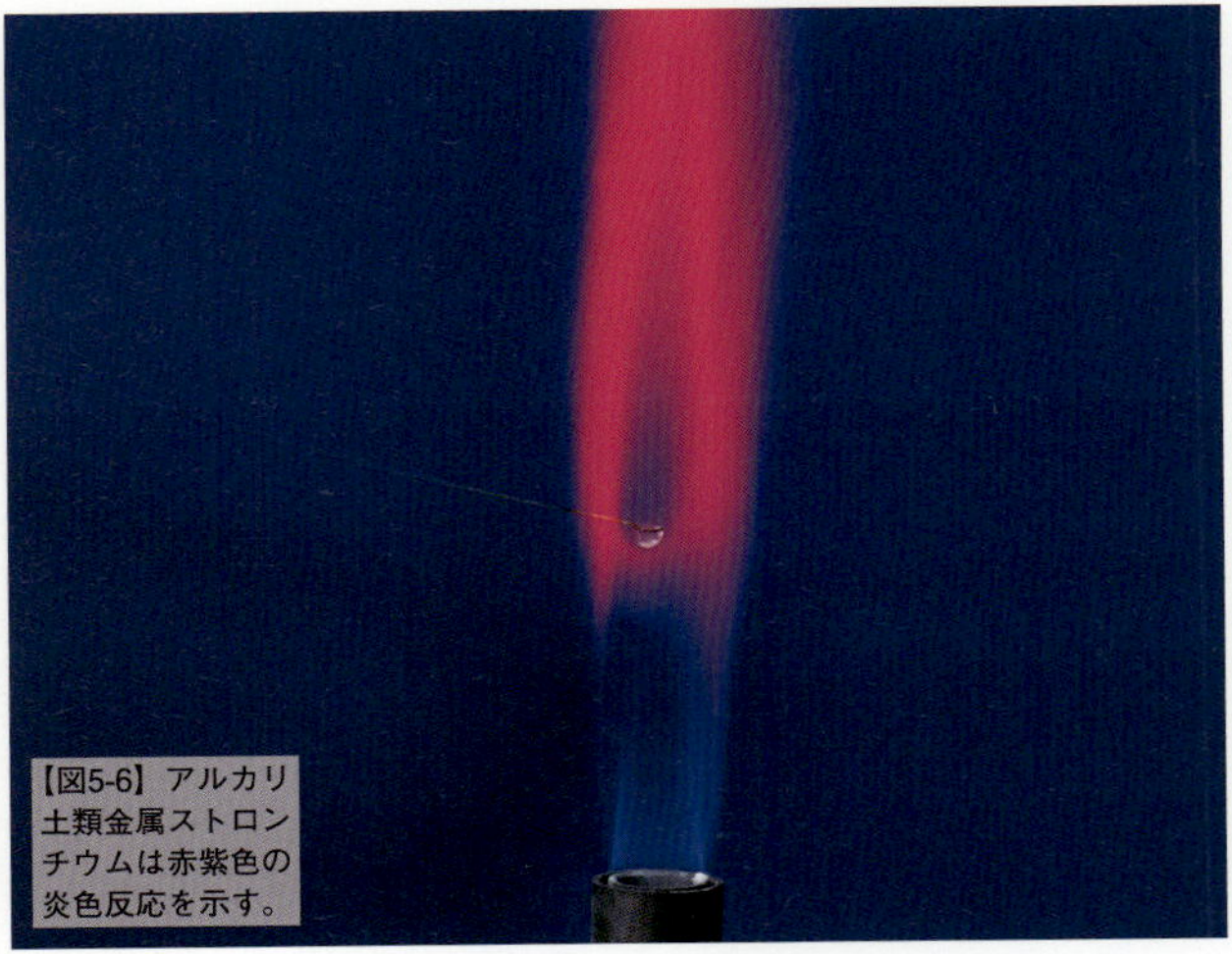

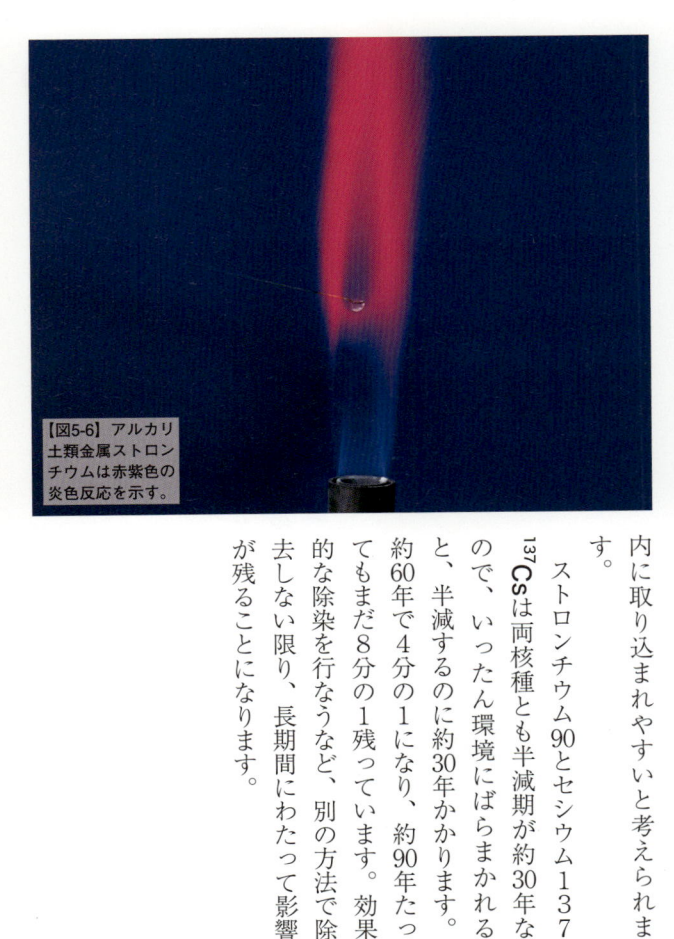

【図5-6】アルカリ土類金属ストロンチウムは赤紫色の炎色反応を示す。

内に取り込まれやすいと考えられます。

ストロンチウム90とセシウム１３７ ^{137}Cs は両核種とも半減期が約30年なので、いったん環境にばらまかれると、半減するのに約30年かかります。約60年で４分の１になり、約90年たってもまだ８分の１残っています。効果的な除染を行なうなど、別の方法で除去しない限り、長期間にわたって影響が残ることになります。

Rb

ルビジウム

Rubidium　ルビー色の輝きを放つ

原子番号

37

原子量

85.47

ルビジウムは分光で発見された元素です。ルビジウムを含む試料を熱し、その光をプリズムで分光したところ、鮮やかなルビー色の輝線が現われました。これが他の元素には見られないルビジウム特有の輝線であることから、新元素と判明しました。

ルビジウムをはじめアルカリ金属の多くは美しい炎色反応を示すので、いわば花火向きの元素です。分光で現われる輝線の色と炎色反応の色は同じなので、ルビジウムは発見当初から、花火向きの元素だとわかっていたわけです。

6 章

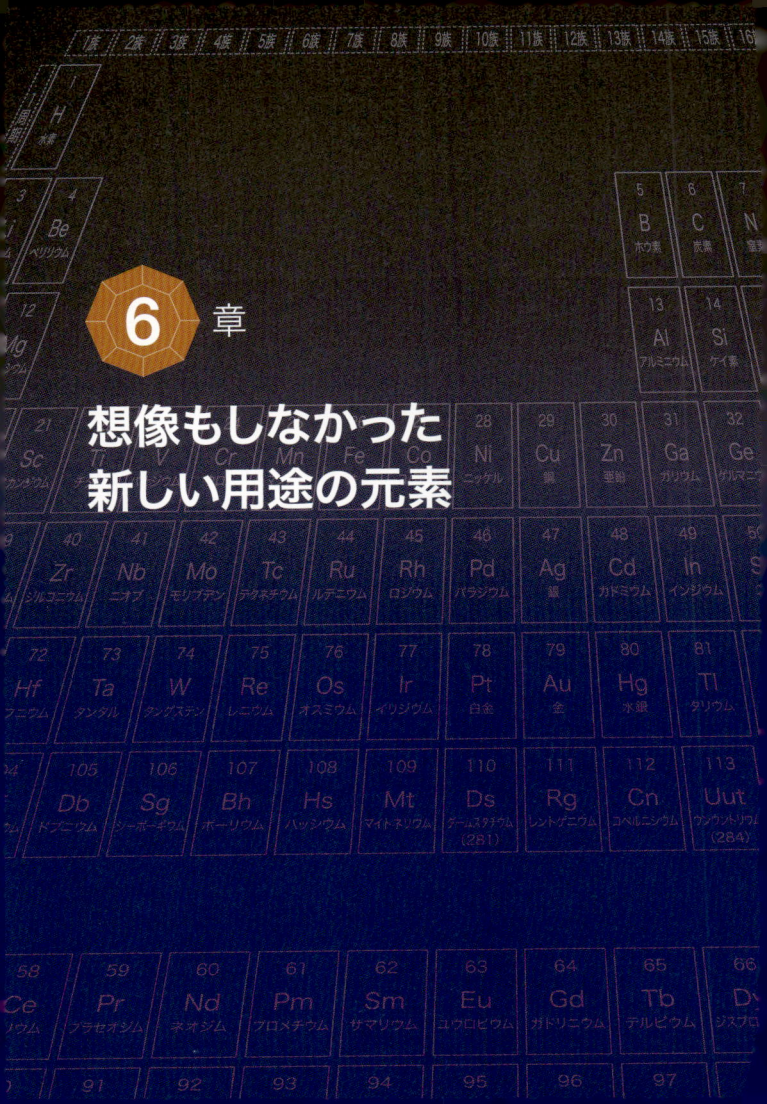

想像もしなかった新しい用途の元素

Si

Silicon

ケイ素 特殊な電気的性質を持つ

原子番号 14
原子量 28.08〜28.09

ケイ素はありふれた平凡な元素です。地球の地殻の4分の1ほどはケイ素でできています。二酸化ケイ素SiO_2などのケイ素の化合物はそこらの石ころにも含まれています。

ケイ素が手近にあるため、人類は古代からケイ素を利用してきました。石器や土器のような原始的な道具を作れば、そこには自然にケイ素が含まれるので、ケイ素を利用しない方が難しいくらいです。

20世紀中頃、そうした素朴な古来の利用法の他に、ケイ素は新たに先端技術へ応用されるようになりました。電子回路素子です。

純粋なケイ素は電流を少しだけ通す半導体です。そこに微量の不純物を適切に加えると、特殊な電気的性質を持つようになり、さまざまな電子回路素子になりうるのです。整流機能を持つダイオード、発光するＬＥＤ、増幅機能を持つトランジスタ、太陽電池、温度や光に反応するセンサなど、無数の素子が開発されてきました。

図6-1はそういう電子回路素子の集合です。このように、ケイ素の板（ウェファ

【図6-1】ケイ素のウェファー上に形成された集積回路の光学顕微鏡写真。

ー）上に膨大な数の素子を刻み込んで作られた電子回路は集積回路と呼ばれます。集積回路を組み込んだ電子機器はあらゆるところにあって、私たちの生活を支えています。集積回路はまるで石ころのようにどこにでも転がっているのです。

二酸化ケイ素はそこらの石ころにも含まれているありふれた物質ですが、純粋な二酸化ケイ素は意外に美しい結晶を作ります。図6-2は二酸化ケイ素の結晶、つまり水晶です。石英《せきえい》ともいいます。

水晶は美しい上に安定な物質で、酸にも熱にも紫外線にも衝撃にも耐えます。あまりに安定で丈夫なので、加工が難しく、工業製品としては普及していません。

水晶の代わりに、というわけではありませんが、広く利用され、工業的にも商業的にも大成功を収めているのがガラスです。

ガラスの主成分は水晶と同じ二酸化ケイ素で、これにナトリウムNaの酸化物などを混ぜて作ります。融点が低いため、熱による細工が容易です。簡単な炉でも細工できるので、人類は古代からガラス器を利用してきました。

ガラスと水晶の大きなちがいは、その結晶構造にあります。図6-2に示すように、水晶は特徴的な六角柱の結晶を作ります。水晶といえばこの形を思い浮かべる人

【図6-2】水晶（二酸化ケイ素SiO_2）の結晶。ナミビア産。

も多いのではないでしょうか。

しかしガラスはそのような結晶構造を作りません。ガラスはアモルフォスと呼ばれる、決まった結晶構造を持たない特殊な物質なのです。

ケイ素はどこにでもある物質ですが、生物界では、この元素の利用はあまり盛んではありません。

二酸化ケイ素をはじめとするケイ素の化合物は安定で化学反応しにくいため、生物の体内で消化したり代謝したりするのが難しいのです。

図6-3は、この難しい元素・ケイ素の利用に成功した珪藻《けいそう》という微生物です。珪藻の仲間は、二酸化ケイ素製

の殻を作ります。顕微鏡で見ると、芸術品のようです。

この丈夫な殻は珪藻が寿命を終えて死んでも残ります。死んだ珪藻の残した殻が多量に堆積《たいせき》して土壌となっている場合もあって、これは珪藻土と呼ばれます。珪藻土は日本では建築材料として重宝されました。

珪藻の他に二酸化ケイ素を利用している生物としては、イネが挙げられます。イネは土壌中の二酸化ケイ素を体内に取り込んで利用する特別な遺伝子を持ち、茎や葉や穂の材料として用います。この遺伝子を開発して二酸化ケイ素を利用する植物は、イネ科とカヤツリグサ科など、限られた種類だけです。

イネの栽培では副産物として稲藁《いねわら》がでます。いわば産業廃棄物ですが、コメを主食とする日本人は、古来、この稲藁をわらじや簑、俵、綱、寝具、建築材料などに利用してきました。そうとは意識せずにケイ素を素材として使ってきたわけです。

【図6-3】さまざまな珪藻の顕微鏡写真。

Ba
Barium
バリウム
人間ドックの嫌われ者

原子番号
56
原子量
137.3

バリウムはアルカリ土類金属の一つで、化学反応しやすく、酸素O_2や水H_2Oと触れると図6-4のように酸化されます。このため石油中に保存されます。

バリウムは毒性を持つ金属で、炭酸バリウム$BaCO_3$は殺鼠剤《さっそざい》として用いられることもあります。

けれども硫酸バリウム$BaSO_3$は水にも胃液にも溶けないため、飲んでも吸収されずにそのまま排泄《はいせつ》されます。

このため、硫酸バリウムは医療用X線撮影の造影剤として使われます。

X線は電磁波の一種で、数十センチメートルの厚みの水や肉を透過します。しかし骨は透過しません。そのため、人体にX線を当て、透過したX線をカメラで撮像すると、人体内部の骨が写ります。医療用X線撮影の原理です。ヴィルヘルム・レントゲンが１８９５年にX線を発見すると、ただちに医療への応用が始まりました。X線は別名レントゲン線、X線撮影はレントゲン撮影とも呼ばれます。

胃や腸など、X線が透過してしまう臓器のX線写真を撮るには、工夫が必要になり

【図6-4】アルカリ土類バリウムは水と反応して、水酸化バリウム$Ba(OH)_2$になる。これは発熱反応。

ます。ひとつの方法は、Ｘ線を透過させない物質をあらかじめ被写体に摂取させておくことです。

バリウムは原子番号56で、つまりバリウム原子1個につき56個の電子が付随します。これはたとえば鉄Feの26や銅Cuの29などと比べても多いです。電子が多いほど、原子がＸ線を跳ね返す（散乱させる）確率は高まります。バリウム原子は鉄原子や銅原子と比べても、Ｘ線を散乱させる能力が高いのです。電子は原子の外側に配置された素粒子です。原子の中心には小さくて重い原子核があります。

原子核は陽子という粒子と中性子という粒子が集まってできていて、原子番号が大きい原子はこの陽子も多く、中性子も多いという傾向があります。Ｘ線は、原子核や、そこに含まれる陽子や中性子と反応する確率が低く、原子との反応はほとんどが電子との反応です。Ｘ線と物質との反応を議論する場合には電子だけ考慮すれば済みます。

バリウムを胃や腸の中に入れてＸ線写真を撮れば、胃や腸の様子がわかります。た

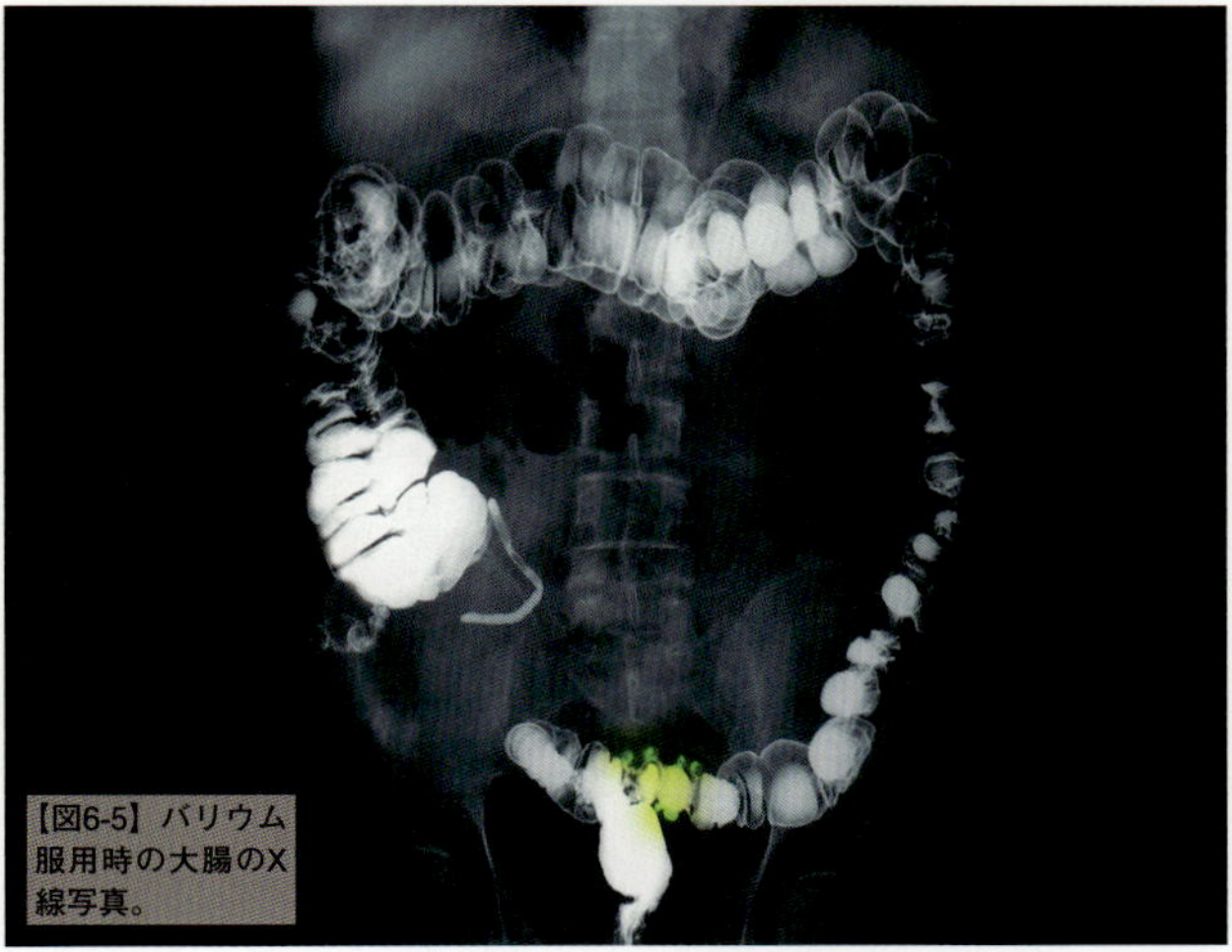

【図6-5】バリウム服用時の大腸のX線写真。

だしバリウムはそのままでは有毒なので、水に溶けず人体に吸収されない化合物硫酸バリウム$BaSO_3$にしておきます。それをさらに、水に（溶かすのではなく）混ぜて、どろりとした粥《かゆ》状にします。

これを被験者に飲ませて、X線撮影をすると、図6－5のように消化管が写ります。

私たちが胃ガンの健診などでX線撮影を行なうときに飲むいわゆる「バリウム」は、こういう意図で作られたものです。

Nd

Neodymium

ネオジム

ハイブリッドカーにも使われる強力磁石に

原子番号

60

原子量

144.2

ネオジムはランタノイドと呼ばれる15種の元素の一つで、周期表ではたいてい欄外に並べてあります。まるで仲間外れにされているようなグループです。ランタノイドに属する原子は表面の電子配置がそっくりなので、どれも化学的に似た性質を持ちます。天然ではランタノイドに属する元素が混ざって産出することが普通です。鉱床を形成する自然のプロセスで、ランタノイドの各元素が化学的に分離されないからです。

化学的性質がそっくりなランタノイドですが、原子内部の電子の状態はそれぞれ異なります。そのため、原子内部の電子が活躍するような特殊な物理現象においては、それぞれの元素の個性が発揮されます。そういう物理現象には例えば磁性や蛍光が挙げられます。

１９８２年、ネオジムと鉄Feとホウ素Bの化合物が強力な常《じょう》磁《じ》性体《せいたい》となることが見出されました。いわゆるネオジム磁石です。

現在ではネオジム磁石は強力な磁石を利用する製品に広く使われています。イヤフ

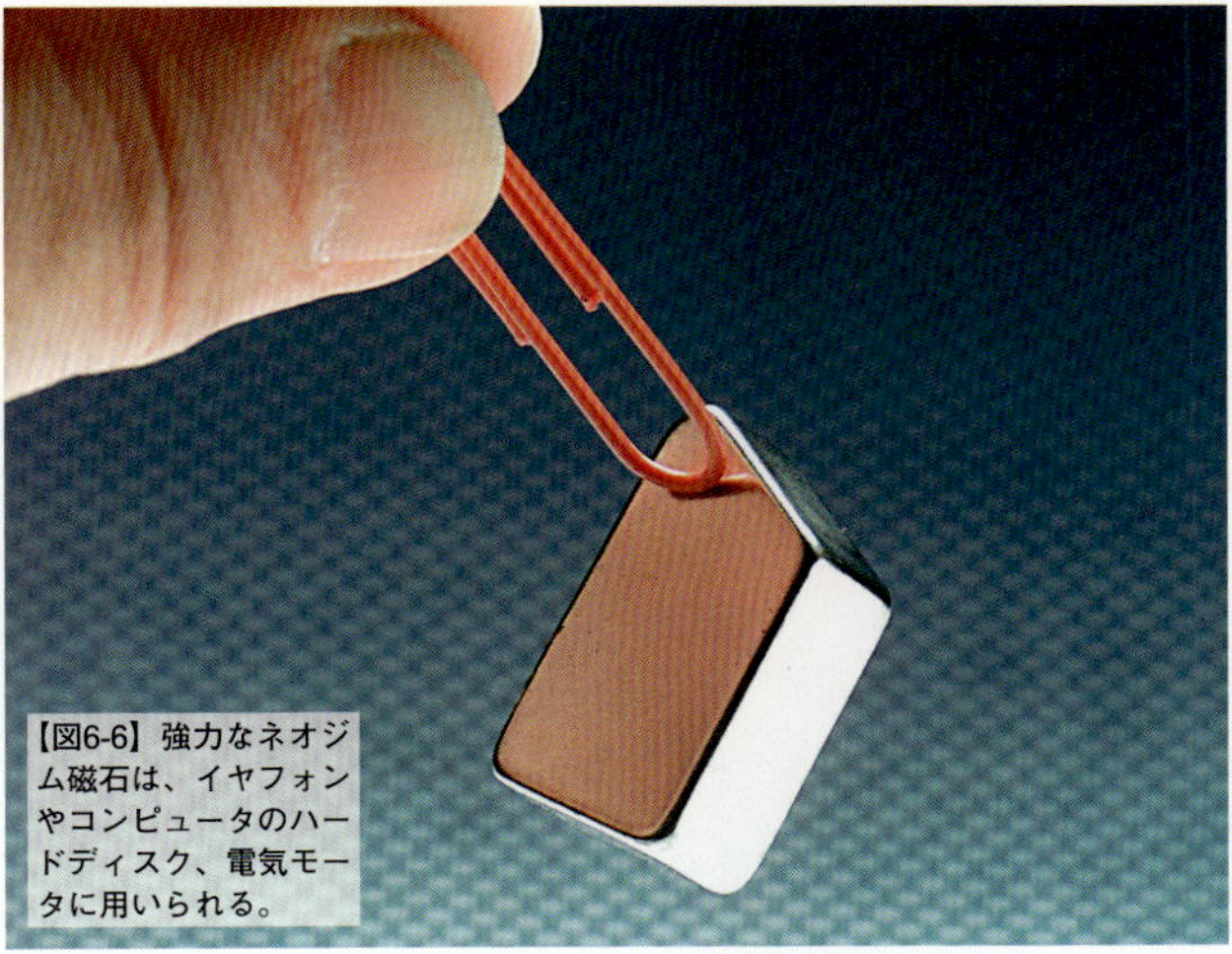

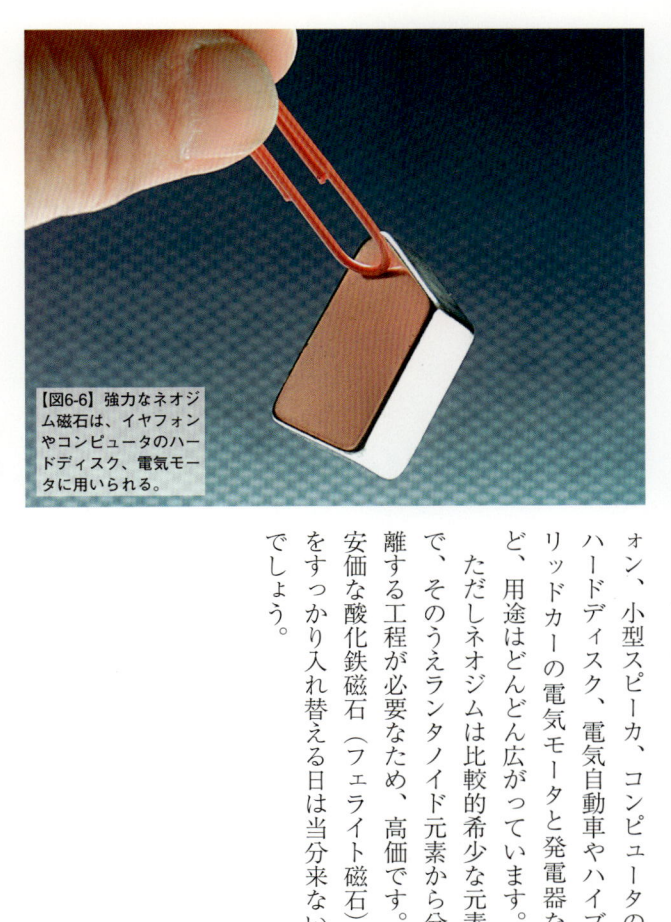

【図6-6】強力なネオジム磁石は、イヤフォンやコンピュータのハードディスク、電気モータに用いられる。

ォン、小型スピーカ、コンピュータのハードディスク、電気自動車やハイブリッドカーの電気モータと発電器など、用途はどんどん広がっています。

　ただしネオジムは比較的希少な元素で、そのうえランタノイド元素から分離する工程が必要なため、高価です。安価な酸化鉄磁石（フェライト磁石）をすっかり入れ替える日は当分来ないでしょう。

【図6-7】モリブデンの鉱石、輝水鉛鉱MoS_2。

Mo

モリブデン

Molybdenum

鉄鋼の強度を高める

原子番号 42

原子量 95.96

モリブデンは鉄鋼、特殊鋼に添加することにより、高硬度、耐熱性、耐食性をもたせることができ、これが最大の用途となっています。重油の脱硫《だつりゅう》（硫黄**S**の除去）触媒や自動車の排ガス処理触媒としても、なくてはならない元素です。

地下資源はアメリカが約半分を保有し、チリ、中国、カナダ、ロシアを合わせた上位5国で90パーセントを占めます。

【図6-8】医療用のYAGレーザー用結晶には、ホルミウムも添加されている。

Ho

ホルミウム

Holmium

レーザーやメスに活用される

原子番号

67

原子量

164.9

ホルミウムの原子はあらゆる元素の中で最大の磁気モーメントを持ちます。つまり、ホルミウムそのものが強い磁石です。ホルミウムの合金はさまざまな特異な磁性を示し、強い永久磁石の材料や、電磁石の芯などに使えます。ただし稀少で高価なので、あまり普及していません。

またホルミウムの化合物は赤外線レーザーを発する素子になり、手術用のメスなどに実用化されています。

【図6-9】コンデンサに使用されるタンタル箔。

Ta タンタル

Tantalum

実は陰ながら活躍

原子番号 73

原子量 180.9

タンタルとはあまり聞かない名前かもしれませんが、目立たないところで意外に活躍している実力のある元素です。タンタルを電極に用いた電気部品「タンタルコンデンサ」は電子回路に必ずといっていいほど使われていて、ということは家庭にも数十個から数百個は隠れています。

　金属タンタルは酸化されにくく、生体に無害なので、人工骨や歯のインプラントに用いられます。どれも外からは見えない、縁の下の力持ちのような元素です。

【図6-10】炭化タングステンWCを使用したカッティングホイール。

W

タングステン

Tungsten

大地をも削る超硬度の元素

原子番号 74

原子量 183.8

タングステンは融点が高く、硬い金属です。脱硝《だっしょう》触媒や脱水素触媒にも使われます。炭化タングステンWCと鉄Feやコバルト Co やニッケルNiを焼《しょう》結《けつ》（粉末を融点以下で加熱して固める）させると、超硬合金と呼ばれるきわめて硬い合金ができ、これは工作機械や掘削機の刃になります。携帯電話などの小型電子製品を製造するには、基盤に0・1ミリメートル程度のごく細い穴をあける必要があり、このため超硬合金のドリルが使われます。またボールペンのボールに利用されます。

Ge

ゲルマニウム

Germanium

放射線測定に威力を発揮

原子番号 32

原子量 72.63

【図6-11】放射線の吸収効率の良いゲルマニウム。

ゲルマニウムは周期表でケイ素Siの下に位置し、ケイ素と同様に半導体です。つまり、電圧をかけると、金属ほどは電流が流れませんが、絶縁体のように全く流れないわけではありません。この性質は、放射線検出器として利用されます。ゲルマニウムの結晶に放射線が飛び込むと、微弱な電流が流れるので、これを測定すれば放射線のエネルギーを測ることができます。

そしてゲルマニウム結晶はケイ素の結晶よりも密度が高いため、放射線を効率よく吸収して測定することができます。

【図6-12】MRIなどにも利用されるニオブの結晶。

Nb ニオブ

Niobium

MRI検査で金属探知機がある理由

原子番号 41

原子量 92.91

金属の中には、極低温まで冷却すると、電気抵抗がなくなって「超伝導体」になるものがあります。ニオブとチタンTiの合金がそういう超伝導体材料です。超伝導体を用いると強力な電磁石を作ることができます。

強力な電磁石は医療用のＭＲＩ（核磁気共鳴画像装置）や粒子加速器に応用されています。ＭＲＩに使われている電磁石の強さは、鉄など磁性体を身につけているとそれが引き寄せられて怪我をするほどです。

Gd ガドリニウム

Gadolinium

似たものばかりの中で個性を放つ

原子番号 64

原子量 157.3

ガドリニウムは、兄弟のようにそっくりなランタノイド系元素の一つですが、原子の最深遠、電子の殻のさらに奥に、他の元素と違う顔を隠しています。ガドリニウムの原子核は中性子吸収能力が大変高いのです。原子核の構造は外側の電子にほとんど影響しないため、化学的に似ているランタノイド系元素でも原子核の性質は違うのです。ガドリニウムはその中性子吸収能力のため、原子炉で中性子の流量を制御するために使われます。

Dy ジスプロシウム

Dysprosium

放射線検出にも使われる有能元素

原子番号 66

原子量 162.5

ジスプロシウムはランタノイド系の元素の中で、有用な応用が多く挙げられる元素です。ジスプロシウムと鉄Feとテルビウム Tbの合金「テルフェノールD」は、磁場の方向に伸びる「磁気ひずみ」を示します。ジスプロシウムはレーザー素子の材料となり、熱中性子を吸収し、放射線を当てると蛍光を発する放射線検出素子となります。たいへん働き者のランタノイド系元素です。

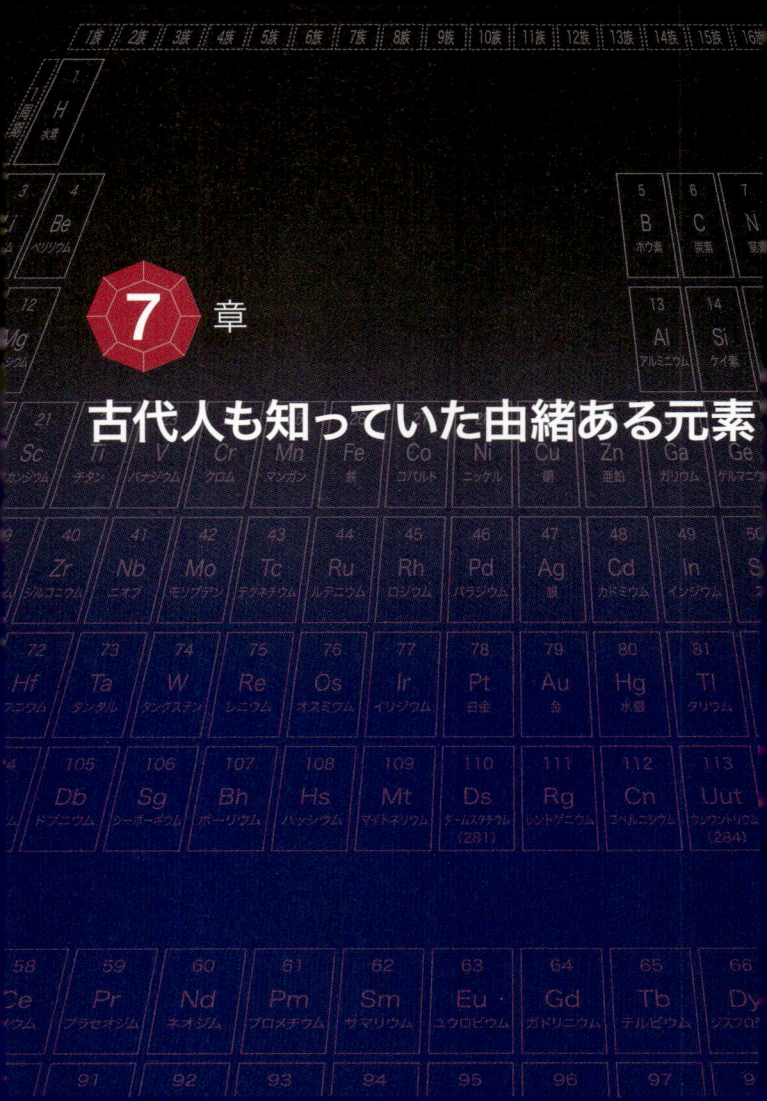

7章

古代人も知っていた由緒ある元素

Fe

鉄 Iron

地球は鉄でできている

原子番号 26
原子量 55.85

鉄は地球に豊富に存在する元素です。どれほど豊富かというと、地球の質量のほぼ3分の1は鉄で占められるほどです。鉄は地球で1番多い元素なのです。（2番目は酸素Oです。）

どうして地球にはこれほど鉄がたくさんあるのでしょうか。その理由は、地球誕生の過程を知るとわかります。

宇宙に最も多い元素は水素H、次に多い元素はヘリウムHeです。鉄など重元素は水素とヘリウムに比べると少量です。

46億年ほど前、宇宙の塵やガスが集まって塊になり、太陽とそれから地球などの惑星を形作りました。

太陽の元素組成は、当時の宇宙空間における元素組成とほぼ同じと考えられています。太陽はあらゆる元素を平等に集めたのです。また木星や土星などの大きな惑星も、その強い重力で、水素やヘリウムを集めることができました。

【図7-1】地球は半径約6400㎞、質量約6×10^{21}tの球体。地球の質量の3分の1は鉄。地球は鉄でできているといっていい。

けれども地球や火星、金星などの小さな惑星には、水素とヘリウムはさほど集まりませんでした。だから小さな惑星になったともいえます。

水素とヘリウムをのぞくと、宇宙の残りの元素の中では、鉄は比較的たくさんあります。ある種の星が爆発する際、鉄を大量に合成して宇宙空間にぶちまけるからです。

こういうわけで、宇宙空間の塵から水素とヘリウムをのぞいて作られた地球は鉄をたくさん持つことになったのです。

宇宙空間に鉄が多量にあるため、隕石にも鉄を多量に含むものがあり、隕鉄《いんてつ》と呼ばれます。

隕石は元は宇宙空間を漂う石ころです。その進路と地球の進路が交差すると、隕石となって地球にぶつかってくるのです。

太陽系内の宇宙空間にはさまざまな起源を持つ石ころが漂っています。

地球や火星などの惑星から、過去の隕石衝突や火山噴火などで宇宙に投げ出されたものがあります。

また太陽系が誕生したころにチリが集まって生まれた石ころが46億年にわたって宇

【図7-2】隕石には、ほとんど鉄でできている「隕鉄」と呼ばれるものがある。隕鉄は地球の鉄とは異なる独特の結晶構造を持つ。

宙を漂っていることもあります。そういう石ころは太陽系初期の成分を保存している貴重な資料です。

宇宙空間で作られた隕石は、地上と違って重力が小さい環境で、地上と異なる温度と圧力で作られるため、地上の鉱物とは異なる結晶構造を持ちます。

図7-2はそうしてできた隕鉄の断面です。隕鉄独特の結晶構造が見られます。美しい幾何学的な構造です。

こういう隕鉄の存在は古代から知られていました。古代人は隕鉄を利用して道具やアクセサリーを作ることもあったのです。

鉄は古代から知られている金属です。なにしろ地球の３分の１は鉄なので、鉄を含む鉱石は珍しくありません。磁石を使うと砂場から砂鉄を集めることができます。鉄は豊富にあるうえに、硬くて丈夫な金属なので、道具の丁度いい材料です。けれどもこの丁度いい材料の利用は、なかなか古代の人々には困難でした。理由は、鉄の融点が高いことです。

純粋な鉄の融点は１５００度以上で、これでは原始的な炉では加工できません。燃料に酸素を多量に吹き付ける高度な炉がいります。純粋でない鉄はもっと融点が低いですが、それでも１０００度以上の温度が必要です。

そういうわけで、鉄器は高度な炉が発明されるまでおあずけでした。

これが、古代に青銅器文明がまず興《おこ》り、それから鉄器文明が生まれたわけです。

融点のもっと低い銅Cuの利用は紀元前３０００年頃から世界各地で行なわれていましたが、鉄器が利用されるのは紀元前１０００年頃からです。

古代史の流れは、実は元素の融点によって説明されるというわけです。

図７-３は鉄製の槍《やり》の穂先です。この鉄器を作るには、高度な技術開発が必要だったのです。

【図7-3】古代から鉄は、槍の穂先など武器や刃物に重用されていた。

さて私たちの祖先が鉄を加工するようになってから、約３０００年ほど経過したわけですが、そのあいだに利用法もたいへん進歩しました。

初期の利用法は当然、刃物、武具、調理器具や食器、アクセサリー、祭器、農耕具などの日用品が中心でした。

やがて冶金技術も加工技術も目覚ましく発展し、車、船、建築、工作機械、エンジン、列車、飛行機、ロケットなど次第に大掛かりな物が鉄で作られるようになり、現在私たちは鉄で建設された文明に生きています。

図７-４は１９５８年に建てられた鉄の塔、東京タワーです。当時の最新の建設技術を使い、約４０００トンの鉄骨を組み合わせてできています。

現在では東京で1番高い建物ではありませんが、鉄という金属をふんだんに使った印象的な建築物の例として挙げておきます。

【図7-4】東京タワーは1958年に竣工した鉄製の塔。約4000tの鉄でできている。

S

硫黄 Sulfur

ときに死をもたらす地獄の元素

原子番号
16
原子量
32.05～32.08

硫黄《いおう》もまた古代から知られていた元素の一つです。

火山や温泉からは、硫黄を含むガスや熱水が噴き出すことがあります。硫黄を含む熱水は硫黄泉と呼ばれ、温泉好きの日本人が体を沈めます。温泉の硫黄分が多ければ、〝湯の花〟と呼ばれる硫黄の結晶が浮いたり、体に付着したりします。

図7-5はニュージーランドのホワカーリ島（マオリ族による呼び名）、またはホワイト島の硫黄泉です。地表に硫黄が付着して黄色に染めています。

ここでは硫黄の採掘が行なわれていました。しかし1914年に火山泥流《でいりゅう》で10人が死亡する災害があってからは行なわれていません。

火山地帯では火山泥流以外にも危険があります。火山や温泉では硫化水素H_2Sなどの有毒ガスがしばしば発生し、これは死亡事故を起こすこともあります。

ところで火と硫黄は地獄をあらわす象徴でもあります。

地面の下の火と硫黄に満ちた地獄の世界は、特にヨーロッパの絵画や物語に頻繁に

【図7-5】ニュージーランドのホワカーリ島（ホワイト島）の硫黄泉。火山や温泉では、硫黄を含むガスや熱水が噴き出すことがある。

【図7-6】硫黄は単体では黄色の結晶をつくる。天然の鉱物として産出することもある。

現われます。

そういう地獄のイメージは、このようなもくもく白煙を上げる温泉や火口の光景や、有毒ガスの危険性から形成されたのかもしれません。

硫黄は単体では図7-6のような結晶を作ります。これが水素Hと化合して硫化水素となると気体になります。前述のように、有毒ガスです。

酸素Oと化合、つまり酸化されると、三酸化硫黄SO_3となり、これは水に溶けると硫酸H_2SO_4となります。硫酸は古くから化学工業でさまざまな処理に使われる重要な物質ですが、酸性雨の原因物質でもあります。

硫黄は生物にとっても欠かせない重要な元素です。システインとメチオニンは硫黄を含むアミノ酸で、20種類の標準アミノ酸の仲間です。地球上の生物は20種類の標準アミノ酸を組み合わせてタンパク質をつくり、生命活動を営んでいます。

生物の利用する硫黄の役割には例えば硫化《りゅうか》結合があります。これは、タンパク質中のシステインが他のシステインとくっつく現象です。

硫化結合を利用して生物はタンパク質どうしを固く結び付け、例えば髪の毛や爪の固い組織をつくっています。

Cu 銅 Copper
人類の文明発展に欠かせなかった金属

原子番号 29
原子量 63.55

銅はおそらく金Au、銀Agと並んで最も古くから人間に利用されてきた金属の一つです。

最初に人間が手にした銅は、図7-7のような、天然銅ではないかと想像されています。ほぼ純粋な銅の結晶が産出することがあるのです。

銅は単体で有色の金属です。

銅の融点は１０８４・６２度で、やや高いのですが、これにスズSnを10パーセントほど混ぜると、融点が９１３度まで下がります。これなら古代人の簡易な炉でも鋳造や加工が可能です。

こうして古代人は銅とスズの合金を細工して、刀や武具や壷や銅鐸《どうたく》や銅鏡や貨幣やその他現在でも用途がよくわかっていない道具を生産しました。

銅とスズの合金は、その酸化物が青緑色をしていることから、青銅と呼ばれます。青銅製の道具を用いる文明が青銅器文明です。

銅はまた、金、銀と同じく、貨幣として用いられてきました。

【図7-7】このように、ほぼ純粋な銅からなる鉱石が見つかることがある。

銅は青銅器の材料になるので、銅貨を鋳潰して製造できる青銅器の価値が、当初は銅貨の価値を担保したのでしょう。言い換えると、一文銭《いちもんせん》は１文の価値のある銅からできていることになります。

現代では、銅貨であれ金貨であれニッケル貨であれ、それに用いられている金属の価値は、貨幣の額面より低いのが普通です。日本政府の発行する十円硬貨は４・５グラムの青銅製ですが、２０１６年現在、スクラップ価格でこれは2円程度に相当します。

銅は最も古くから利用されてきた金属ですが、ここ2世紀の間に、古代人の予想しなかった新しい役割にさかんに使われるようになりました。(現在ではどの元素も古代人の予想しなかった使われ方をしていますが。)

それは、電線です。

銅は金属の良導体なのです。また延性(元に戻らないほどの力を加えても壊れずに曲がる性質)があり、電線に適しています。

実をいえば金や銀の方が電導性も延性も高いのですが、ついでに価格も高いので、銅の方が広く用いられます。

【図7-8】ブリテン島とフランスを結ぶ、高電圧送電用の海底ケーブルの断面。銅のケーブルを内包している。

図7-8はブリテン島とフランスを結ぶ海底ケーブルの断面です。海底ケーブルは、銅の電線に腐食を防ぐ被覆《ひふく》を施したものを海底に這わせたものです。写真は高電圧送電用で、大電流を流すために太い銅線が用いられています。

　もちろん、海底ケーブルだけでなく、電柱によって張られたいわゆる電線や、家電の電源ケーブル、コンピュータのUSBケーブルやLANケーブル、最近は減少傾向にある電話線などにも銅線が用いられています。

Sn

スズ《Tin》 ハンダの材料として活用

原子番号
50
原子量
118.7

スズは青銅の材料として古代から用いられてきた金属です。銅Cuにスズを混ぜると、融点が低くなり、鋳造《ちゅうぞう》など加工がしやすくなるのです。そしてスズはまた別の金属とも混ぜ合わせて使われます。鉛Pbとスズを混ぜたものはハンダと呼ばれ、これはさらに融点が低いのです。最も融点が低くなるのは鉛を38パーセント、スズを62パーセントの割合で混ぜたハンダで、これは融点が１８３度、火のそばにちょっと近づけただけで融けてしまいます。

ハンダは古くから金属細工に用いられてきました。現代では、金属細工よりも電子回路の製作に活躍しています。ハンダづけです。

ハンダごてを熱し、銀色のハンダを少量融かし、電子部品の接点にくっつけると、数秒でハンダが固化し、電子部品が接着されます。熟練した技術者が行なうハンダづけは美しく確実です。

【図7-9】ハンダごてでハンダを融かし、電子部品を接着する。

ただし最近はハンダに用いられている鉛が環境を汚染する恐れがあるとして、鉛入りの伝統的なハンダは嫌われる傾向があります。

鉛を銀Agや銅で置き換えたハンダも開発されていますが、熟練した技術者には、つきが悪いなど、評判がよくありません。

Sb

アンチモン

Antimony

錬金術師が見いだした「金ならざるもの」

原子番号 51

原子量 121.8

アンチモンは中世ヨーロッパの錬金術師が発見した元素です。金Auの製法を求めて盛んに秘薬を混ぜ呪文を唱えた錬金術師は、金の代わりにアンチモンを見いだしました。アンチモンの他、リンP、ヒ素As、ビスマスBiが錬金術師の発見した元素とされています。この4元素は同じ族に属し、周期表で縦に連続して並んでいます。奇妙な偶然の一致です。錬金術師のみならず、中世から近代までの医師もアンチモンを用いました。アンチモンの化合物は薬として処方されましたが、その効能は、百害あって一利なしだったようです。

8 章

宝石や貴金属になる貴重な元素

Au

金 Gold

美しさと希少性で世界経済を動かしてきた

原子番号
79
原子量
197.0

図8-1は今から２３００年ほど前に作られた金貨です。

金は古来、富の実体であり象徴でした。「金」という漢字はまた貨幣をも意味します。金を持つことがすなわち経済力でした。

金は「金色」と呼ばれる美しい色をした金属です。単体で色のついた金属は金と銅Cuくらいしかありません。

美しい上に錆びず、溶けず、化学変化しにくく、軟らかくて細工しやすく、宝飾品に最適です。金は銅よりも銀Agよりも希少な金属で、そのため高価です。

これはもう貨幣のためにあるような金属といっていいでしょう。

宝飾品としての価値の他、金はさまざまな特異な性質を持つ金属です。腐食しにくいことに加えて、電気抵抗の小さい良導体であるため、回路の接点やプラグのメッキ、電線に使われます。ただし高価で稀少なので、銅の方が普及しています。

【図8-1】紀元前300年頃のエジプトの金貨。象の引く戦車を駆るアレクサンドロス大王が刻まれている。

きわめて高い展性《てんせい》（圧力で破壊されることなく箔に広がる性質）を持っため、ハンマーで叩くとつぶれて薄く広がります。1グラムの金の粒は丹念に叩くことによって1平方メートルにまで延ばすことができます。0・05マイクロメートルの厚みです。

こうして延ばした金の膜は金箔と呼ばれて、やはり装飾に使われます。

金はほぼ純粋な単体として天然に見つかることがあります。そういう天然の結晶は砂金と呼ばれます。

図8-2はアメリカのネバダ州で採れた砂金です。天然に形成された金の結晶構造が見られます。

ネバダ州と、そのとなりのカリフォルニア州の金の鉱脈は史上有名です。１８４９年、この地方で金が採れるというニュースが広まり、濡れ手に砂金で一攫千金を夢みる人々が大勢押し寄せました。これがゴールド・ラッシュです。

ゴールド・ラッシュによってアメリカ西部の開発が進みましたが、砂金掘り人夫の生活は概して貧しいものでした。この時代の様子はチャップリンの映画『黄金狂時代』で風刺されています。

かくも人々が金に夢中になり、金に踊らされる理由の一つは、金という元素の稀少性にあります。

金は地球の地殻に質量比で10億分の1しかありません。これは銅の1万分の1、銀の20分の1です。これでは金が貴重な金属と見做《みな》されるのも無理はありません。

金が稀少な元素となった理由は宇宙最大規模の爆発にあります。

ある種の星は、条件がそろうと、星内部の核反応が暴走して爆発し、跡形もなく消し飛びます。Ⅰa《いちエー》型超新星と呼ばれる大爆発です。

超新星の爆発内部の物質は超高圧・超高温となります。

物質に含まれる原子核が壊れたり、ぶつかって融合したりするほどの超高圧・超高

【図8-2】金はほぼ純粋な単体として天然に産出する。この砂金のサイズは3cm×4cmメートル。立方体と八面体の結晶構造が見える。

温です。

この地獄の業火《ごうか》の中で、地球に存在するあらゆる原子核と地球に存在しない特殊な原子核が大量に合成されます。

銅も銀も金も、もっと重い水銀Hgもタリウム Tlも鉛Pbもポロニウム Poもウラン Uも作られて星間空間にぶちまけられます。

このとき、おおざっぱな傾向として、原子番号の大きな元素ほど合成量が少なくなります。このため銅よりも銀が少なく、それよりも金が少なくなります。

Ｉａ型超新星は何十億年も昔からぱちぱち弾け、それによって星間空間に重元素が蓄積され、46億年前に宇宙の塵が集まって地球ができるときに紛れ込みました。ネバダ州の砂金も古代の金貨も、遠い昔のＩａ型超新星の破片が起源です。

図8-3は１５７２年に爆発が観測されたＩａ型超新星の残骸です。この残骸には大量の金やその他の稀少元素が含まれています。

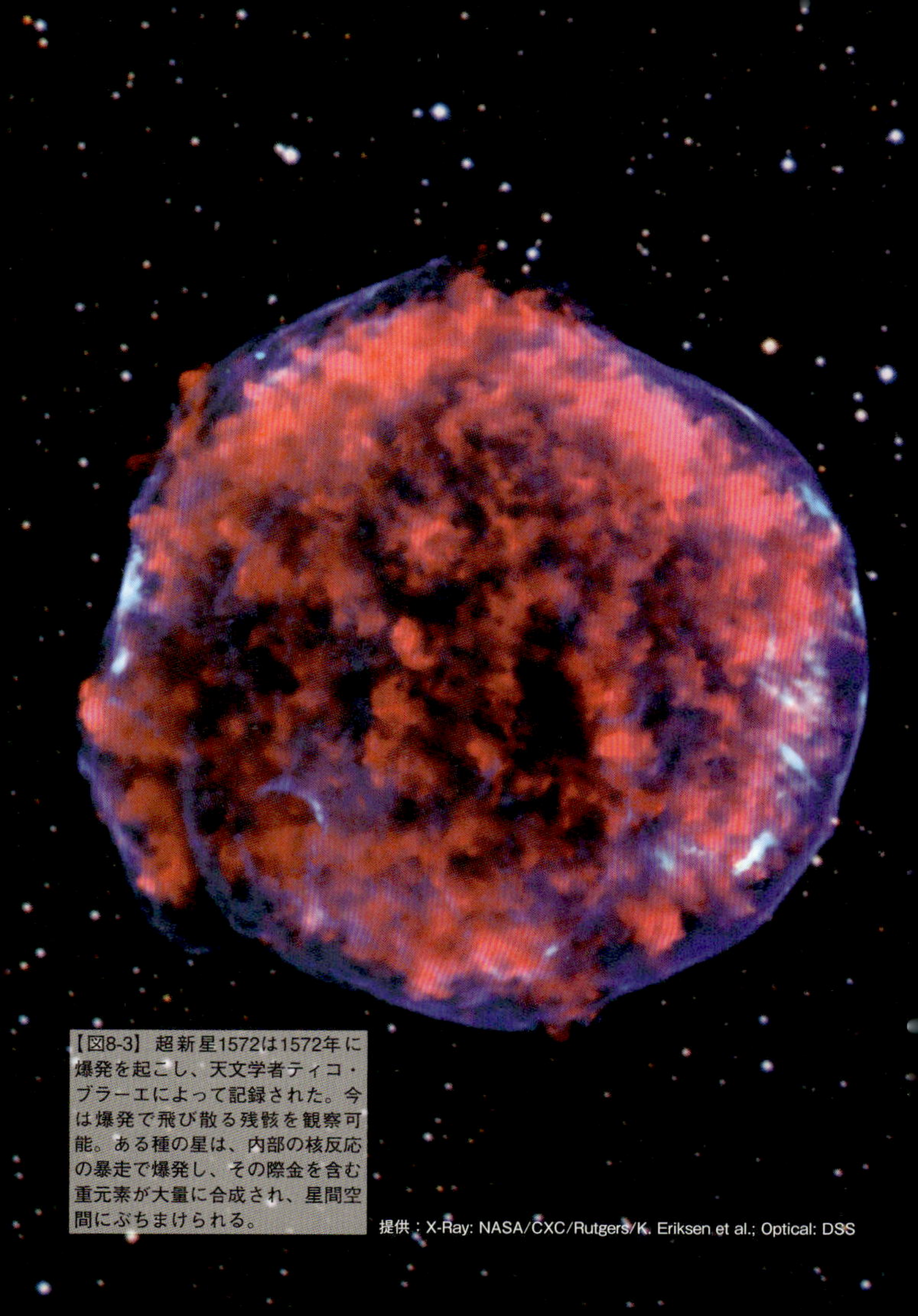

【図8-3】 超新星1572は1572年に爆発を起こし、天文学者ティコ・ブラーエによって記録された。今は爆発で飛び散る残骸を観察可能。ある種の星は、内部の核反応の暴走で爆発し、その際金を含む重元素が大量に合成され、星間空間にぶちまけられる。

提供：X-Ray: NASA/CXC/Rutgers/K. Eriksen et al.; Optical: DSS

Ag

銀 Silver 富の象徴たる銀食器

原子番号
47
原子量
107.9

銀も古代から貨幣や宝飾として用いられ、金Auと並んで経済の実体と象徴として人類史に影響を与えてきた元素です。

銀は装飾用途だけではなく、食器などに実用されました。

「銀のスプーンをくわえて生まれる」という英語の言い回しは裕福な家に生まれることを意味します。銀を表わす英単語「シルバー」は食器をも意味します。

銀は英語では「シルバー」ですが、ラテン語では「アルジェンツム」といいます。銀の元素記号「Ag」はこれに由来します。

アルジェンツムはまた国名「アルゼンチン」の語源ともなりました。

アメリカ大陸の存在がヨーロッパに知られると、スペイン人が金・銀を目当てに押し寄せ、先住民を征服しました。スペイン人は16世紀にいくつもの銀鉱山を発見しました。鉱山では先住民が使役され、スペイン人のために銀を掘りました。

スペイン人はそこらの土地や川にやたらと銀にちなんだ名前をつけ、それがアルゼンチンの国名となりました。図8-4は純度の高い銀の鉱石です。

【図8-4】アメリカ・ミシガン州で採れた銀。ほぼ純粋な結晶が天然に見つかることがあるが、金の結晶よりも希少。これは銀と銅Cuと方解石《ほうかいせき》。

銀は金に似て、熱伝導性と電気伝導性に優れ、展性に富む金属です。しかしほぼ宝飾だけに使われる金と違い、銀はある技術に応用されて、広く大々的に利用されてきました。

写真技術です。

臭素Brや塩素Clやヨウ素Iなど、周期表の右から2列目に並ぶ元素をハロゲンといいます。ハロゲンと銀を化合させると、臭化銀AgBrや塩化銀AgCl、ヨウ化銀AgIなどのハロゲン化銀になります。

このハロゲン化銀は光に当たると化学変化をおこし、分解して銀の小さな粒子が生じます。板や紙やフィルムにハロゲン化銀を塗り付け、レンズの焦点面に置き、シャッターを開いて短時間露光すると、光の当たったところだけ銀の粒子が生じます。これに化学処理を施して銀粒子が目に見えるようにしてやると、シャッターが開いた瞬間の光景が現われます。これが写真の原理です。

最初は大掛かりな光学装置と長時間の露光と面倒な化学処理が必要だった写真技術はたちまち改良され、誰でも所有できるカメラとフィルムが開発され、広く普及しました。写真は記録に、報道に、医学や科学に、アートに、個人の趣味に使われまし

【図8-5】1837年に発明された最初期のカメラ。銀板を用いる。

た。

　連続して写真撮影することによって動画を記録する映画という手法も発明され、文化と産業を築きました。最盛期には、写真のために年間５０００トン以上の銀が消費されたのです。

　現在では画像記録に使われるのはＣＤなどの半導体素子がほとんどです。写真用の銀消費もやがて消滅することでしょう。

Pt

白金 Platinum

貴金属だが、実用性も高い

原子番号 78

原子量 195.1

白金、別名プラチナは、古代から宝飾品として用いられてきました。南アメリカ大陸の先住民は金Au、銀Agとともに白金を利用していました。スペイン人はこれを「小さな銀」を意味する「プラチナ」と呼びました。

16世紀、この富がスペイン人を引き寄せたことは、述べたとおりです。結果は先住民にとって大変不幸なことになりました。中米と南米に存在していた高度な文明、マヤ、インカ、アンデスは一瞬にして滅びました。ヨーロッパから持ち込まれた病原菌、虐殺、飢え、過酷な労務によって人口は激減しました。

史上無数に生みだされてきた貴金属と人間の欲にまつわるエピソードの中でも、ひときわ悲惨な出来事です。

貴金属とは、正確には、金、銀と、白金族の金属を合わせた呼称です。

白金族に属する金属はルテニウムRu、ロジウムRh、パラジウムPd、オスミウムOs、イリジウムIr、そして白金です。

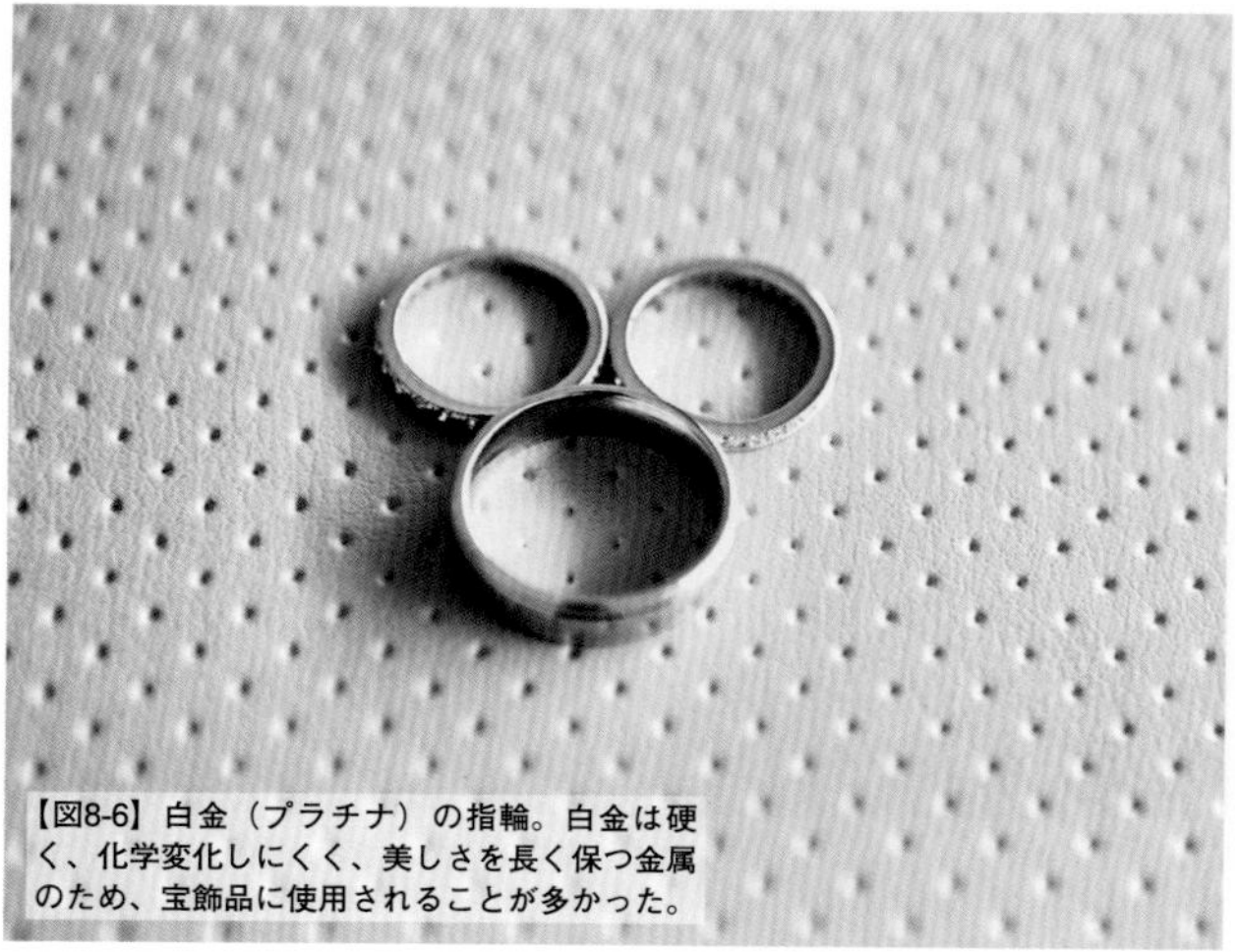

【図8-6】白金（プラチナ）の指輪。白金は硬く、化学変化しにくく、美しさを長く保つ金属のため、宝飾品に使用されることが多かった。

これら8種の貴金属は周期表で5周期と6周期、8～11族の位置にまとまって存在します。どれも化学変化しにくく、つまり腐食せず、美しい輝きを長く保ちます。ただし白金族はどれも硬いですが、金と銀は軟らかく、この点が違います。

白金は高価な貴金属ですが、有用な金属でもあり、最近はどんどん需要が高まっています。年間消費量のうち、装飾品用途と工業用途はほぼ半々です。ちなみに、白金の装飾品はどういうわけか日本で人気があり、需要のほぼ半分が日本です。

【図8-7】 白金は銅Cuやニッケル Niとともに産出することがよくあるが、純粋な天然結晶はきわめてまれ。この結晶サイズは1.5cmほど。

白金属の金属はさまざまな化学反応の触媒として働きます。

触媒とは、それ自身は化学反応は起こさないが、化学反応が進行するのを助ける物質です。

例えば化学工場においてアンモニアNH_3を酸化して硝酸N_2O_3を作る際、白金の糸で編んだ網を触媒に用います。

また、自動車の排ガスに含まれる窒素化合物を酸化する機構にも白金触媒が使われています。

ただし触媒は一般に少量でも多量の反応を処理できるので、この用途における白金消費量はさほど多くありません。

最近注目されている用途としては、燃料電池の電極があります。燃料電池は燃料を酸化させることで電力を取り出す原理ですが、その電極に白金族金属を用いると、触媒として酸化を進行させるため、都合がいいのです。ただし、こういうハイテクは、概して原材料を大量に消費したりしないので、やはり白金消費量の総量は大したことがありません。

Al

アルミニウム

Aluminium

価値を忘れられた貴金属

原子番号
13
原子量
26.98

アルミニウム、略してアルミは、硬貨の中でも一番額面の小さな一円硬貨に使われている金属です。そのためあまり高価な印象はありません。

しかしアルミニウムは、かつてたいへん貴重な金属だったのです。

自然界ではアルミニウムはAl^{3+}の形で存在します。記号右肩の3+は、アルミニウム原子から電子が3個失われている状態を表わします。

自然界のアルミニウム化合物からアルミニウム原子を得るには、アルミニウムに3個の電子を付け加える「還元」という処理を行なわなければなりません。

これがなかなか難しかったのです。

そのため純粋な金属アルミニウムは金Auよりも貴重でした。フランスのナポレオン三世は国賓《こくひん》をアルミニウム製の食器でもてなしました。

19世紀末にアルミニウムを電気分解で得る製造法が発明されると、アルミニウムの価格は急速に下落しました。

【図8-8】一円玉はほぼ純粋なアルミニウムでできている。直径は2cm、質量は1g。

なにしろもともとアルミニウムは地球の地殻に最も多い金属元素なのです。アルミニウムの鉱石はさほど珍しくありません。

そうして現在私たちはアルミニウムを大量に使用し、一円硬貨にしているというわけです。ナポレオン三世が見たら驚くことでしょう。

金属アルミニウムは価値が下落しましたが、今でも貴重とされるアルミニウム鉱物がサファイアとルビーです。

アルミニウムは地殻に比較的豊富にあるため、アルミニウムを含む鉱物も多くの種類があります。

そのうちサファイアとルビーは、酸

化アルミニウムAl_2O_3の鉱物です。

純粋な酸化アルミニウムは白色ですが、これに不純物が混じると色がつきます。不純物は鉄Fe、チタンTi、クロムCrなどさまざまあり得ます。

クロムが多量に混じると、酸化アルミニウムの結晶は赤い色を帯びます。これはルビーと呼ばれ、宝石として珍重されます。

他の色に染まった場合はサファイアと呼ばれ、やはり宝石扱いされます。どちらも組成は似たようなものですが、名前は違います。
サファイアとルビーはどちらも硬い物質です。自然の鉱石の中ではダイヤモンドの次に硬い鉱石です。

硬いことは宝石の条件のひとつとされるので、これも酸化アルミニウム結晶が宝石として珍重される理由です。

【図8-9,10】サファイア（上）とルビー（下）はアルミニウムAlを含む鉱物。主成分は酸化アルミニウムAl_2O_3。

Zr

ジルコニウム

Zirconium

模造ダイヤモンドと呼ばれる悲しさ

【図8-11】ダイヤモンドにも引けをとらない輝き。

ジルコン$ZrSiO_4$という鉱石に新元素が含まれていることは１８２４年に発見され、ジルコニウムと名付けられました。金属としてのジルコニウムは、融点が１８５２度と高く、また中性子を吸収しない性質を持つため、原子炉の配管などに使われます。

一方、酸化ジルコニウムZrO_2にはジルコニアという別名があり、透明度の高い結晶を作るため、宝飾品として使われます。模造ダイヤモンドという不名誉な呼び名があります。

原子番号	原子量
40	91.22

Ni

ニッケル

Nickel

五百円硬貨は現代の錬金術？

原子番号
28
原子量
58.69

【図8-12】ニッケルの結晶。

ニッケルはステンレスの原料として消費されます。他に、メッキ、触媒、磁性体、電池など、さまざまな用途に使われます。

その中で最も利益を産み出す製品は硬貨でしょう。

例えば五百円硬貨は白銅（銅Cu４分の３とニッケル４分の１の合金）製で、含まれている金属の価値は十円未満です。それを鋳造して五百円の額面をつければ、50倍以上の儲けです。なんともうまい商法です。

Ir イリジウム

Iridium

恐竜を絶滅させた隕石から飛来した?

原子番号 77

原子量 192.2

イリジウムは白金族に属し、地殻中では稀少な元素ですが、６５００万年前の地層から微量に見つかります。これは当時、直径数キロメートルの隕石によって宇宙から持ち込まれたイリジウムではないかと推定されています。その隕石の衝突によって塵が大気上層まで舞い上がり、数ヶ月から数年にわたって日光をさえぎり、地球の気温をマイナス40度程度まで下げ、恐竜などを絶滅させたのではないかと考えられています。

Ru ルテニウム

Ruthenium

白金族を代表する元素

原子番号 44

原子量 101.1

周期表で横に並ぶルテニウム、となりのロジウム**Rh**、パラジウム**Pd**の3金属と、一行下のオスミウム**Os**、イリジウム**Ir**、白金**Pt**の、合わせて6元素は、白金族と呼ばれ、いずれも硬く、密度が高く、酸化や腐食を受けにくい性質を持っています。さらにこの白金族と金**Au**と銀**Ag**を合わせた8金属は貴金属とみなされます。

Rh ロジウム

Rhodium

星の最期の瞬きから生まれた

原子番号 45

原子量 102.9

白金族が珍重されるのは、硬さや腐食しにくさのためだけではなく、やはり稀少な元素だからでしょう。ルテニウムRuやロジウムやパラジウムPdの並んでいる5周期以降の元素はどれも稀少です。ある種の星は寿命の最後に核融合反応が暴走して超新星爆発を起こします。この爆発の業火の中で、原子核どうしが衝突・融合を繰り返して、鉄Feよりも重い原子が合成されるのです。

Re レニウム

Rhenium

最後に見つかった天然の非放射性元素

原子番号 75

原子量 186.2

天然に存在する元素は、安定したものか、寿命の長いものに限られます。人類が元素を探求するようになったのは地球が46億歳の時なので、地球誕生時に存在した不安定で寿命の短い放射性元素はなくなってしまいました。安定な元素や寿命の長い元素の種類には限りがあるので、天然に存在する元素の数は有限です。放射性でない天然元素の最後の一つが見つかったのは１９２５年のことで、それはレニウムでした。

Os

オスミウム

Osmium

密度の最高記録を誇る

原子番号
76

原子量
190.2

白金族の元素オスミウムの単体は、最も密度が高く、22・6グラム毎立方センチメートルです。ただし元素の中には量が少なくて密度が測定されていないものもあるので、全元素の中で最高かどうかは不明です。オスミウムの名はギリシア語の「オスメ（におい）」に由来します。四酸化オスミウムOsO_4は強烈なにおいを持つ毒ガスなのです。白金族らしからぬ不名誉な名前です。

9章

扱いを誤ると危険な毒元素

Pb 鉛 Lead 甘い味だが騙されてはいけない

原子番号 82
原子量 207.2

鉛もまた古代から利用されてきた金属です。軟らかく、融点が３２７・５度と低く、加工や細工が容易です。単体は鈍い銀色で、密度は水の１１・３５倍と、比較的大きい部類です。

鉛は広く存在する元素で、さまざまな鉱石に含まれます。ありふれた金属であるため、日用品の素材として使われてきました。

図9-1は鉛鉱石の一つ、白鉛鉱です。白鉛鉱、別名炭酸鉛$PbCO_3$、またの名を鉛白は、鉛の単体からは想像困難な透明度の高い結晶です。これを砕いて白い粉にした物はおしろいとして江戸時代人気がありました。

鉛は身近な金属として日用品や工業製品に広く使われてきました。おしろいはやや特殊な用途ですが。

しかしこれもまた古くから知られていたことですが、鉛は毒性のある元素です。体内に蓄積されると腎臓や循環器系を冒《おか》します。その症状は、胃腸障害、情緒不安定、不妊、通風などさまざまです。

【図9-1】白鉛鉱は鉛の鉱石。成分は炭酸鉛 $PbCO_3$ で、これは透明な結晶を作る。かつてはおしろいの原料とされた。ナミビア産。

２０００年ほど前、ローマ帝国は地中海を中心とする広大な領土を支配し、そこに道路を張り巡らせ水道を整備し都市を建造しました。古代ローマ文明は人類史の一つの頂点です。

ローマ文明の高度な技術は、今も各地に残る膨大な遺跡や遺物が示しています。膨大すぎて、現在も地面から発掘され続けています。

図９-２は１７００〜２０００年前にローマで作られた鉛製の水道管です。側面に鋳造された文字は、帝国の水道を管理する代官から業者が請け負ったことを意味しています。技術が高いばかりでなく、それを支える行政機構や経済システムといった社会基盤も発達していたことがうかがえます。実に驚くべき古代文明です。

鉛は古代ローマの時代から伝統的に水道管など配管に使われてきました。英語で配管工を意味する「プラマー」はラテン語の「鉛（plumbum）」が語源です。（鉛の元素記号「Pb」はラテン語からとられています。）配管工はハンダを使って配管工事を行ないました。１２９ページで紹介しましたが、ハンダは鉛とスズSnの合金で、ここにもまた鉛が活躍します。

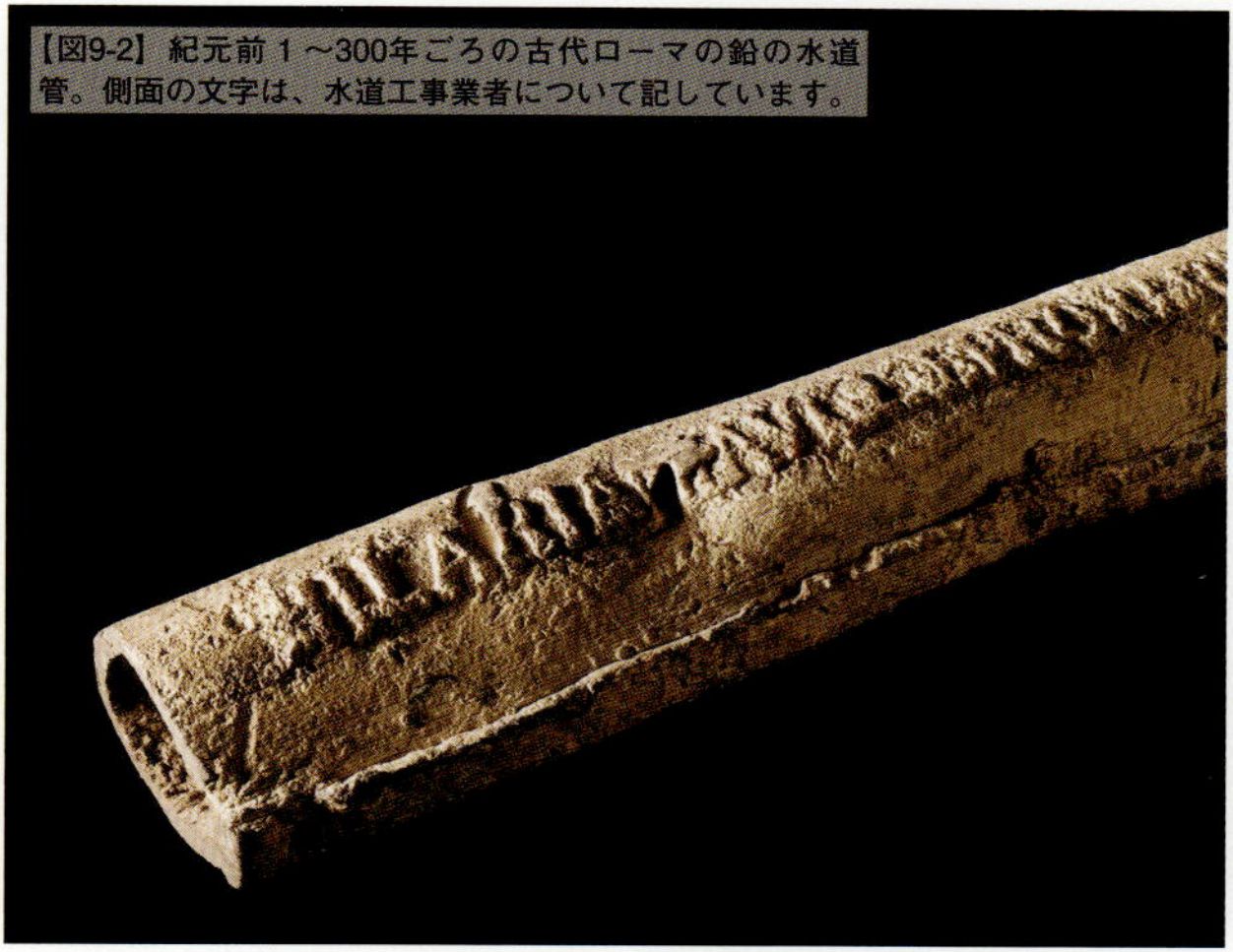

【図9-2】紀元前1～300年ごろの古代ローマの鉛の水道管。側面の文字は、水道工事業者について記しています。

鉛の毒性は人類の鉛の使用開始とほぼ同時に発見されたと思われます。すでに古代ローマ時代に、鉛を使う職人が健康を害しているという記述があります。けれども鉛の毒性は無視あるいは軽視され、このように水道や容器に盛んに用いられました。鉛化合物は甘い味がするようです。が、もちろん試してはいけません。

かつてはおもちゃや家具の塗装に鉛が含まれていたため、子供が舐めて中毒症状を示す事故がときおりありました。もちろん子供が舐める可能性のあるところに鉛塗料を用いてはいけませんが、鉛化合物の甘い味が、この種の事故を引き起こす一因になったのかもしれません。

鉛の味がワインの味をよくするということは、ワイン業者の間では知られていました。隠し味として、ワインの樽に鉛の散弾を1個入れるというテクニックが使われていたそうです。また古代ローマ人もワインを作る道具に鉛を好んで使いました。

鉛の食器や水道管を使う古代ローマ人は具合を悪くしなかったのでしょうか。なんだか心配になります。

ローマ帝国の滅亡を引き起こしたのは鉛中毒だったという説は根強く繰り返される魅力的な説ですが、確証に欠け、今のところ歴史家の主流を説得するにはいたっていません。鉛の水道管は一部に使われていただけで、しかもそこからは健康を害するほど鉛は溶け出しません。

偉大なローマ文明を滅ぼした犯人は誰なのか、まだ当面は歴史家の議論が続きそうです。

【図9-3】古代エジプト（紀元前16～13世紀）
の鉛スズ合金の器。（ローマ製ではない。）

As ヒ素 Arsenic 今も昔も毒薬の代名詞

原子番号
33
原子量
74.92

ヒ素は毒性のある元素です。

周期表ではリンPの真下にあり、化学的な性質が似ています。

ヒ素が体内に入ると、リンの使われるべき反応にヒ素が使われ、結果としてその反応は阻害されてしまいます。これがヒ素が毒として働く機構（の一つ）です。

歴史にも私たちの記憶にも、ヒ素のもたらした悲劇がいくつも思い起こされます。

１９９８年、和歌山市のある夏祭り会場で、町内会の振る舞うカレーを食べた人々が腹痛と吐気をもよおして病院に運ばれ、４人が死亡しました。犠牲者の吐瀉物からはヒ素が検出されました。和歌山毒カレー事件です。

事件から2ヶ月後、白蟻駆除用の亜ヒ酸As_2O_3を所有していた林眞須美氏が逮捕されました。林氏は、隣人たちとの仲たがいから衝動的に亜ヒ酸をカレーにいれたとして、２００９年に死刑判決を受けました。和歌山毒カレー事件は、その被害の大きさ、ヒ素と身近な夏祭りのカレーという意外な組み合わせ、逮捕に先立つマスコミの犯人狩りと扇情的な報道により、世間の注目を浴びました。

【図9-4】ドイツの聖アンドレアス鉱山で採れたヒ素。表面を平らに磨いてある。ヒ素は通常、塩や硫ヒ鉄鉱FeAsSなどの形で産出し、このような単体は珍しい。

Hg

水銀 Mercury

権力者が求めた、中毒死必至の「賢者の石」

原子番号
80
原子量
200.6

水銀は珍しい液体の金属です。常圧では融点がマイナス３８・８３度、沸点が３５６・７３度で、日常的な温度範囲で液体です。常温・常圧で液体の元素は他に臭素Brがありますが、臭素は金属ではありません。これまでに融点や沸点が測定されていない元素も（周期表の下の段に）いくつかあるので、これらの中に常温・常圧で液体となる金属が存在するかもしれませんが、今のところ液体金属元素は水銀だけです。

金属でありながら液体の性質を持つ水銀はさまざま利用されてきました。

その一つが、奈良の東大寺にある大仏の金メッキです。

奈良時代に建立《こんりゅう》された全長15メートルの大仏は、当時は全身金メッキの絢爛豪華《けんらんごうか》な姿で、見る者の目をくらませました。（現在の姿は火災後に再建したものです。）

この金メッキには、水銀が使われました。水銀に金Auを溶かすと、金と水銀の混合液体（アマルガム）になります。これを大仏に塗り付け、熱して水銀を蒸発させると、あとに薄い金の膜が残ります。これで金メッキのできあがりです。

大仏の建立には膨大な財と労働力が費やされましたが、水銀も大量に消費されたの

【図9-5】 水銀の融点は-38.83℃、常温では液体。単体が常温で液体の金属は今のところ水銀しか知られていない。

です。
建設現場と奈良の都には、水銀の蒸気がもうもうと立ち込めました。そして水銀の蒸気は有毒です。吸い込まれると体内に蓄積され、腎臓障害を起こします。当時、大勢の労働者と住民が健康を害したと推定されています。

有毒な金属水銀は、古代から近代まで、薬として用いられてきた歴史があります。乱暴な話です。

図9-6は水銀の鉱石の辰砂《しんしゃ》（硫化水銀HgS）です。これを熱して水銀蒸気を集めると、水のように流れる金属水銀が得られます。辰砂は漢方薬では朱砂《しゅしゃ》と呼ばれ、不眠や神経症に効くとして処方されてきました。もちろん有害です。

さらにさかのぼって古代中国では、何人もの皇帝が不老不死を望んで怪しげな霊薬を口にし、かえって寿命を縮めるのが一種の伝統でした。霊薬には辰砂が含まれていたといわれます。

１９５３年まで、英国の子供には塩化水銀の一種である甘汞《かんこう》Hg_2Cl_2をふくむ小児薬が与えられ、そのための中毒患者が絶えませんでした。

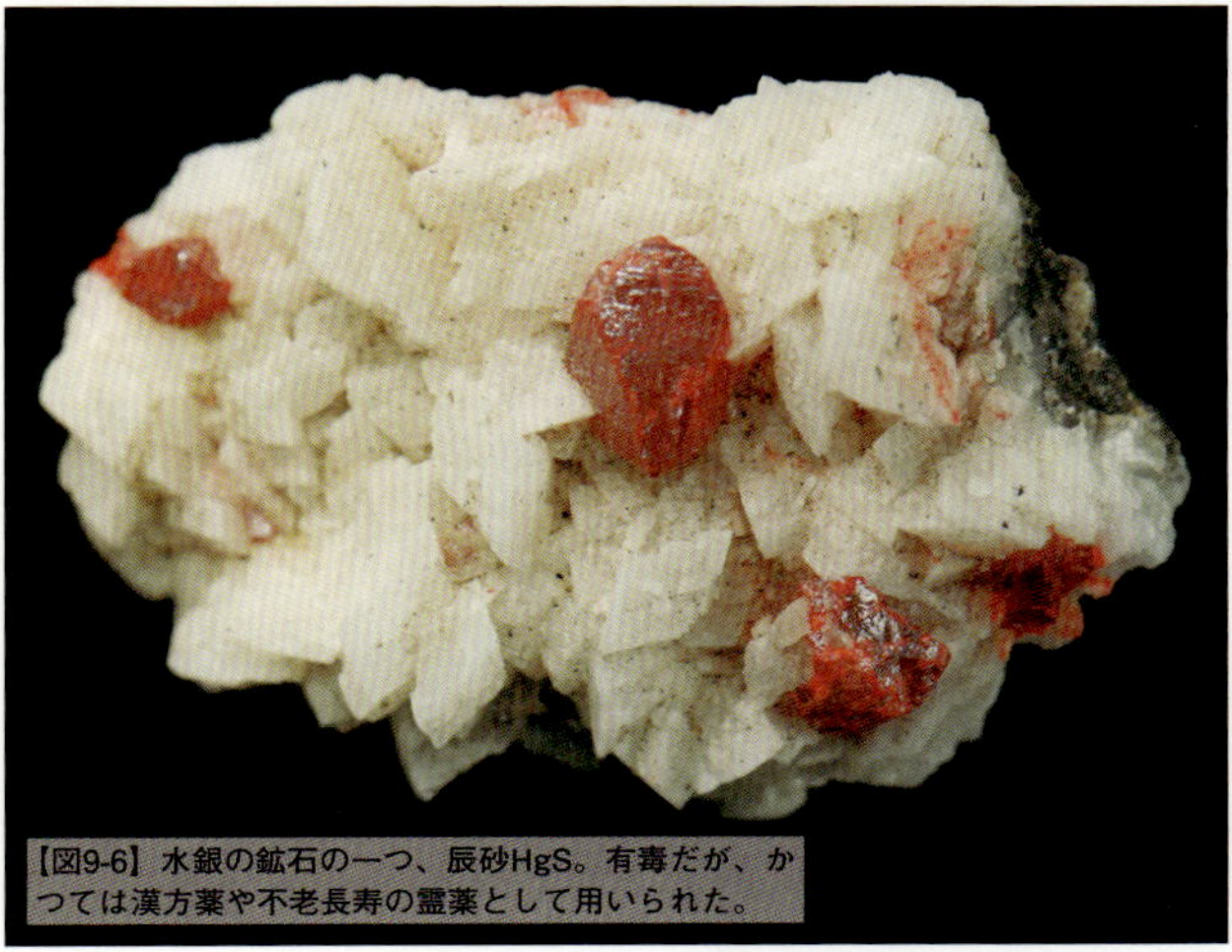

【図9-6】水銀の鉱石の一つ、辰砂HgS。有毒だが、かつては漢方薬や不老長寿の霊薬として用いられた。

クリストファー・コロンブスがアメリカ大陸から梅毒を持ち帰ると、水銀や昇汞《しょうこう》$HgCl_2$（有毒）がその新しい恐ろしい性病の治療薬として用いられました。もちろん効き目はありません。気の毒な梅毒患者は激烈な梅毒の症状に加えて水銀中毒に苦しむことになりました。

ここまでで紹介した金属水銀、辰砂、甘汞に昇汞は、水銀化合物の中ではさほど毒性が強くありません。

水銀は有機物と化合してメチル化水銀$(CH_3)_2Hg$などの有機水銀となったとき、強い毒性を発揮します。

通常の毒と違い、脳の関門を突破し

て脳神経を冒し、知覚障害、言語障害、手足がうまくコントロールできない運動障害などを引き起こします。

母体が有機水銀を摂取すると、胎盤を通過して胎児に蓄積し、子の知能や運動能力に影響が出る場合があります。

１９５０年代から１９６０年代にかけて、日本の熊本県で発生した水俣病と新潟県で発生した第二水俣病は有機水銀中毒の恐ろしさを世界に知らしめました。新日本窒素肥料（現チッソ）と昭和電工の工場廃水に含まれていた有機水銀が海産物を汚染して起きた公害事件です。

１９７２年には、イラクで大規模な有機水銀中毒が発生し、６０００人以上が入院し、少なくとも４５９人が死亡しました。

イラク政府がアメリカのカーギル社から購入した麦の種籾《たねもみ》には、防カビ剤として有機水銀が使われていました。もちろんこのゾッとする処理をした種籾は食べられません。しかし政府からこれを受け取ったクルド人農家には、この情報がきちんと伝わりませんでした。

多くの農家が、時季を外して配られたこの種籾をパンに再利用しました。結果として、世界最悪の有機水銀禍が生じました。

事件が発生すると、イラク政府は種籾の回収命令を出し、この麦の売買をした人間に死刑を要求し、ついでに国外への公表を禁じました。

現在では多くの国で、有機水銀を防カビ剤に使うことは禁止あるいは制限されています。

実をいえば1972年当時でもアメリカ国内ではこの手法は禁じられていました。

Tl

Thallium

タリウム 蠱惑的魅力で犯罪者の心をつかむ

原子番号
81
原子量
204.3
～
204.4

タリウムは一見なんの変哲もない銀色の金属ですが、毒性があります。摂取すると手足が痛み、消化不良を起こし、全身の毛が抜ける症状が現われ、場合によっては死亡します。

タリウムの原子番号は81で、これは80の水銀Hgと82の鉛Pbに挟まれています。周期表（P.10～11）で見ると、この辺はなんだか毒気のある金属元素が並んでいます。

２００５年、17歳の女子高校生が母親にタリウムを飲ませた疑いで逮捕されました。少女は日頃から毒に興味を持ち、動物に毒を投与して観察していたといいます。薬局で酢酸タリウムCH_3CO_2Tlを「学校の宿題で使う」と偽って購入し、母親に少量ずつ飲ませました。母親は重症となって入院し、少女は家族が警察に相談したことから逮捕されました。

２０１５年には名古屋大学の19歳の女子学生が殺人容疑で逮捕されました。女子学生は殺人に興味を持ち、「人を殺してみたい」という動機から知人の女性を殺したとされます。そして捜査の結果、この女子学生は高校２年の時に同級生の男子２人にタ

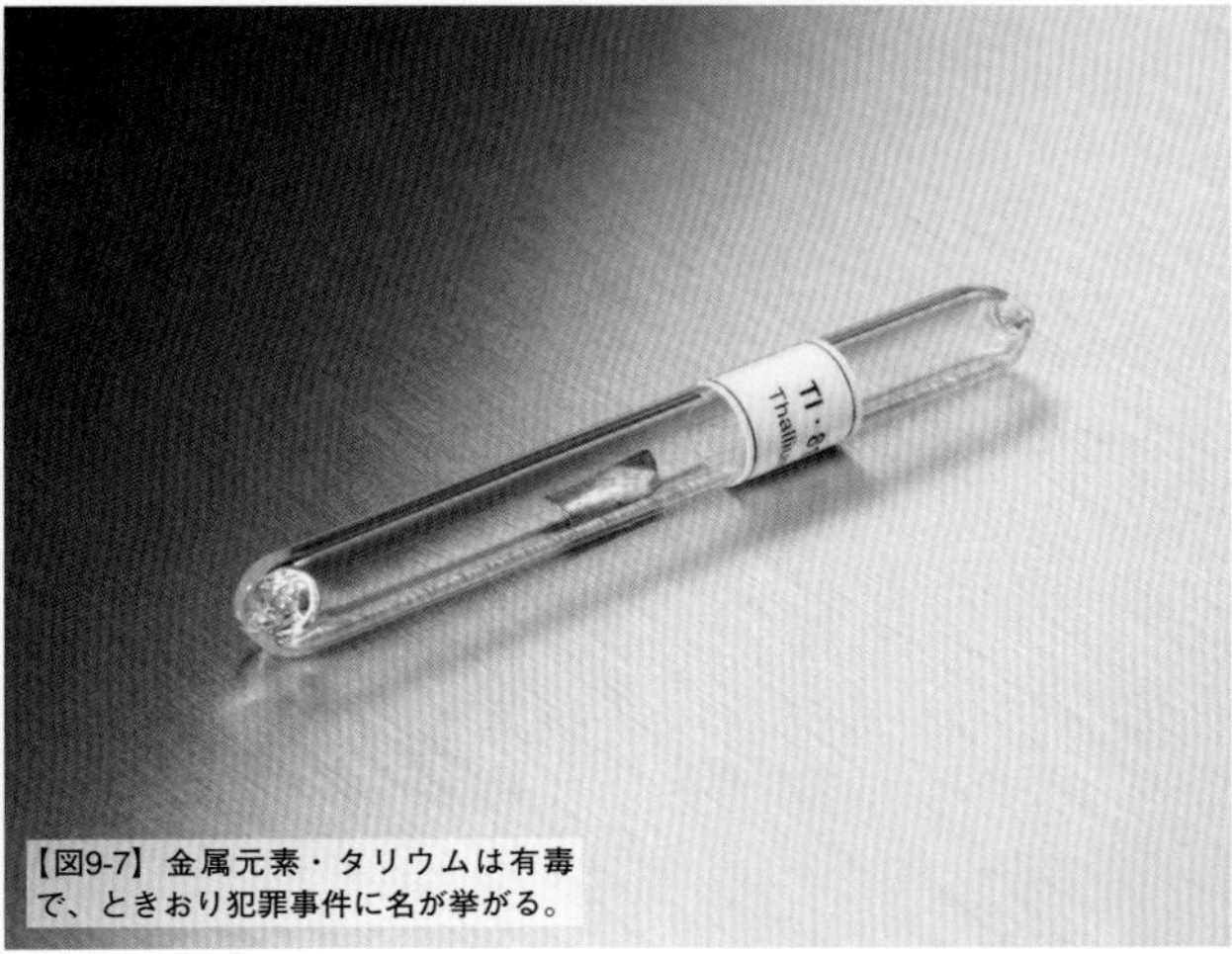

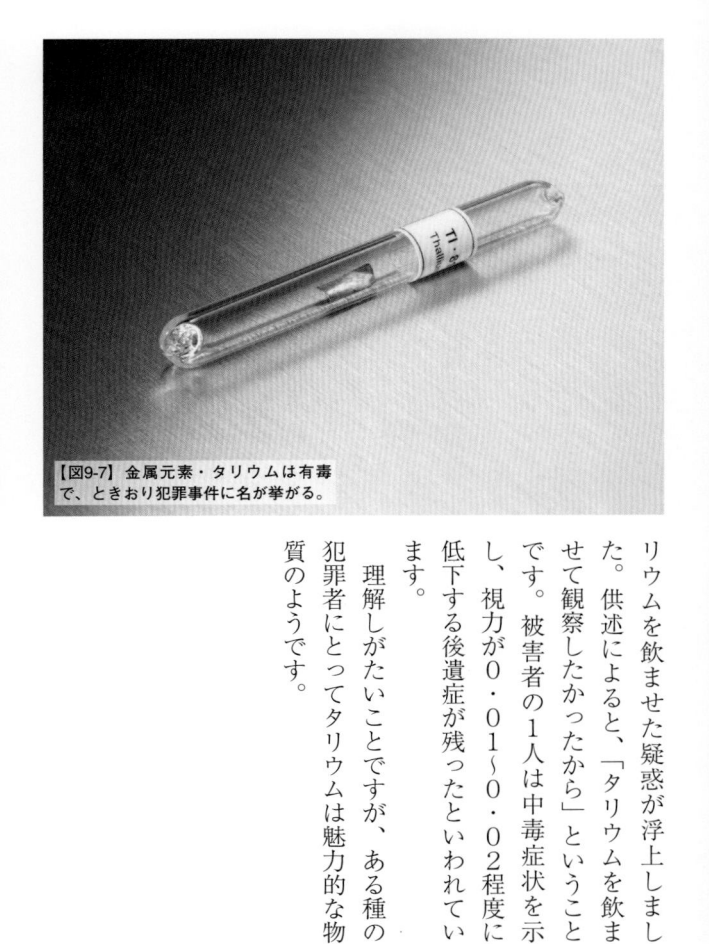

【図9-7】金属元素・タリウムは有毒で、ときおり犯罪事件に名が挙がる。

リウムを飲ませた疑惑が浮上しました。供述によると、「タリウムを飲ませて観察したかったから」ということです。被害者の1人は中毒症状を示し、視力が0・01〜0・02程度に低下する後遺症が残ったといわれています。

理解しがたいことですが、ある種の犯罪者にとってタリウムは魅力的な物質のようです。

Br 臭素 Bromine 命名者に愛情はなかったのか？

原子番号 35
原子量 79.90〜79.91

臭素は海から見つかった元素です。海水を蒸発させたあとの塩のなかにわずかに含まれている成分として発見されました。臭いがあるため、このように名付けられました。単体は常温・常圧で液体です。単体が液体の元素は他に水銀Hgしかなく、周期表上で珍しい元素です。それにしても、元素の発見者は自分の発見物に愛着をもつのが普通だと思われますが、「臭《くさ》い元素」とはあんまりな命名です。

Cd カドミウム Cadmium 腎臓を冒す公害の悲劇

原子番号 48
原子量 112.4

富山県神通川流域で発生したイタイイタイ病は、カドミウムの中毒症で、日本の四大公害病の一つです。三井金属鉱業の所有する神岡鉱山の廃液に含まれるカドミウムは、体内に摂取されて腎臓を冒し、リンPやカルシウムCaなどが体内から尿とともに排出されて、悲惨な骨軟化症などを引き起こしました。病名は患者の叫びからつけられました。１９６８年、患者と遺族は三井金属鉱業を訴え、厚生省はイタイイタイ病を公害病として認定しました。地裁で敗訴した三井金属鉱業側は控訴しましたが、高裁判決では賠償額を2倍に上げられ、上告を断念しました。

Te テルル Tellurium 口臭という地味な嫌がらせをする

原子番号 52
原子量 127.6

テルルは弱い毒性のある金属です。摂取すると体によくないのですが、健康被害よりも特筆すべき「症状」は口臭です。体内に吸収されたテルルの一部はテルル化ジメチル$Te(CH_3)_2$となり、これが呼気に混じると、「テルル息」と呼ばれる独特の臭いを発するのです。15ミリグラムの二酸化テルルTeO_2をボランティアに投与したところ、８ヶ月後まで臭いが残ったそうです。１８８５年に行なわれた、ある意味で残酷な人体実験です。

Cl 塩素 Chlorine 毒ガスとして死を振りまいた

原子番号 17
原子量 35.44～35.46

塩素はハロゲン族の元素で、周期表では右から2番目の列にいます。塩化ナトリウム$NaCl$は海水中に豊富な物質、生物に必須です。この生命に必須な元素はまた使い方を誤ると毒にもなります。第一次世界大戦中、塩素ガスCl_2は兵器として両陣営に用いられ、兵士を苦しめました。毒ガスは殺傷能力の高いホスゲン$COCl_2$へ、さらにマスタード・ガス$(ClCH_2CH_2)_2S$などへと「進歩」しましたが、大戦後、毒ガスは禁止されました。

Cr クロム Chromium

ステンレスの原料も一歩間違えれば……

原子番号 24

原子量 52.00

クロムはステンレスの原料です。鉄Feとクロムとニッケル Niを混ぜると強く錆びにくいステンレスになり、これは我々の生活のあらゆる場面で使われています。クロムの酸化物、六価クロムCr^{6+}は強い酸化力を持ち、そのため毒性があります。１９７３年、日本化学工業が六価クロムを含む産業廃棄物を東京の住宅地などに投棄していたことが判明しました。住民や労働者には鼻《び》中隔《ちゅうかく》に穴があくなどの健康被害が出ました。訴訟が行なわれ、日本化学工業は補償と処理費用の負担に同意しました。

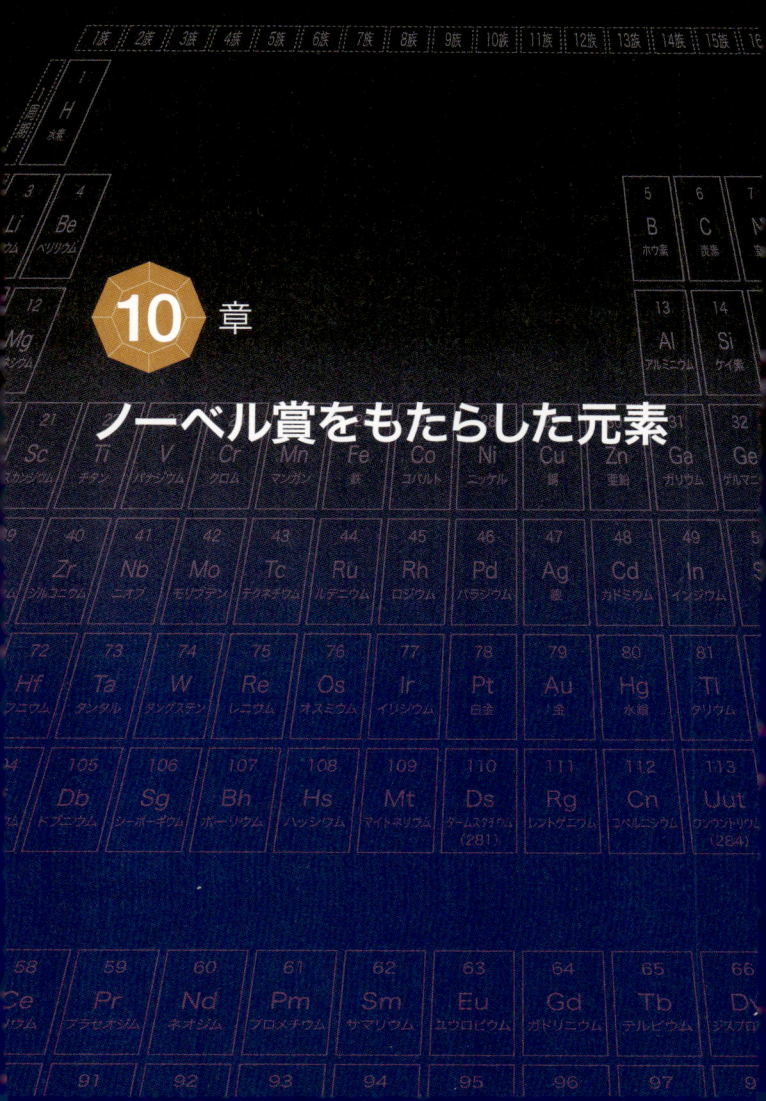

10章

ノーベル賞をもたらした元素

Ar

アルゴン

Argon

周期表の新境地を示した

原子番号
18
原子量
39.95

アルゴンは不活性な希ガスの一種で、周期表では右端の上から3番目に位置します。

19世紀、次々と新元素が見つかっていく中で、希ガスの一族は発見が遅れました。空気にも約０・６パーセント含まれているありふれたアルゴンが発見されたのは１８９４年のことです。

化学者が希ガスに気づくのが遅れた一因は、周期表にあります。

周期表は縦横に既知の元素を並べたもので、あらゆる元素は周期表のどこかのマスに位置します。当時、未発見の元素を探すことはすなわち、周期表の空欄を埋めることでした。

けれども当時の周期表に、希ガスの入るべき空のマスはありませんでした。メンデレーエフが周期表を考案した１８６８年には、希ガス元素はどれも未発見で、当初の周期表には希ガスの列がまるごとなかったのです。

もし希ガスを発見して新元素として発表したら、その新元素は周期表のどこに入る

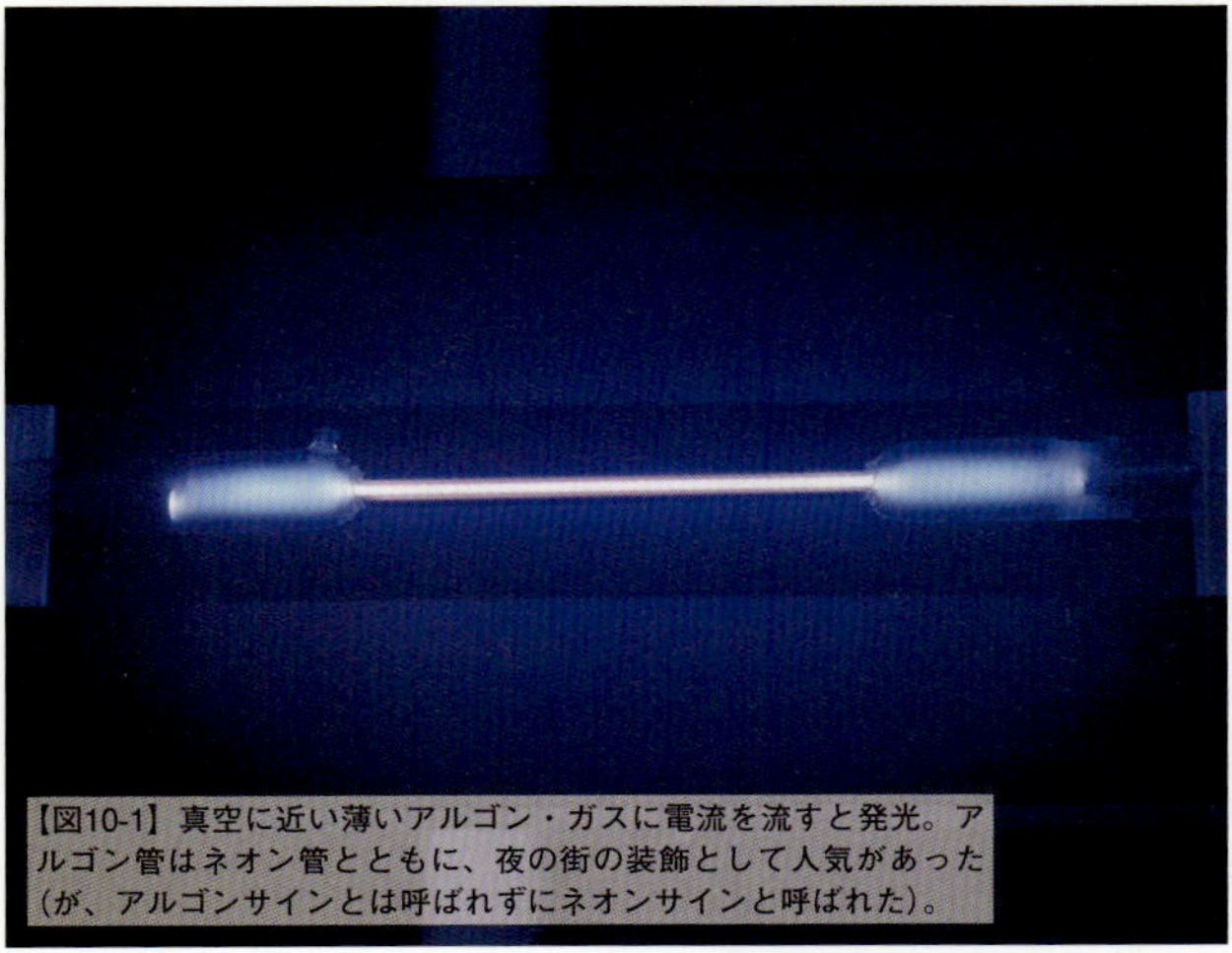

【図10-1】真空に近い薄いアルゴン・ガスに電流を流すと発光。アルゴン管はネオン管とともに、夜の街の装飾として人気があった（が、アルゴンサインとは呼ばれずにネオンサインと呼ばれた）。

のかと聞かれて困ることになります。

ウィリアム・ラムゼーは空気を分析し、空気に含まれる酸素O_2や窒素N_2や水H_2Oなどの既知の成分を取り除いていくと、最後に少量の不活性なガスが残ることを見いだしました。アルゴンです。

アルゴンの発見により、周期表にはこれまで知られていなかった希ガスの列が加わることになりました。ラムゼーは周期表に新しい列を付け加えた功績により、１９０４年のノーベル化学賞を受賞します。

Tc

テクネチウム

Technetium

人類初の人工元素

原子番号
43
原子量
(99)

　メンデレーエフが周期表を発表して以来、新元素の探求は周期表の空欄を埋めることと同義になりました。化学者はあらかじめ性質の予想された新元素を計画的に探すようになり、次々と空欄は埋まっていきました。

　けれども「エカマンガン」と仮の名前をつけられた新元素は、鉱石を砕いて分析してもなかなか見つかりませんでした。周期表のエカマンガンのマスはいつまでも空欄のまま残りました。

　1937年、物理学者はとんでもないことをやってのけます。天然に見つからないエカマンガンを人工的に合成したのです。

　エカマンガンの原子番号は43で、つまりエカマンガンの原子の核は陽子を43個ふくむと予想されます。ならば、陽子を42個ふくむモリブデンMoの原子核に、陽子を1個くっつけてやれば、エカマンガンの原子核ができるのではないでしょうか。

　こういう見込みのもとで、重水素Dの原子核をサイクロトロンという加速器で高速に加速し、モリブデンの原子核にぶつけるという実験が行なわれました。

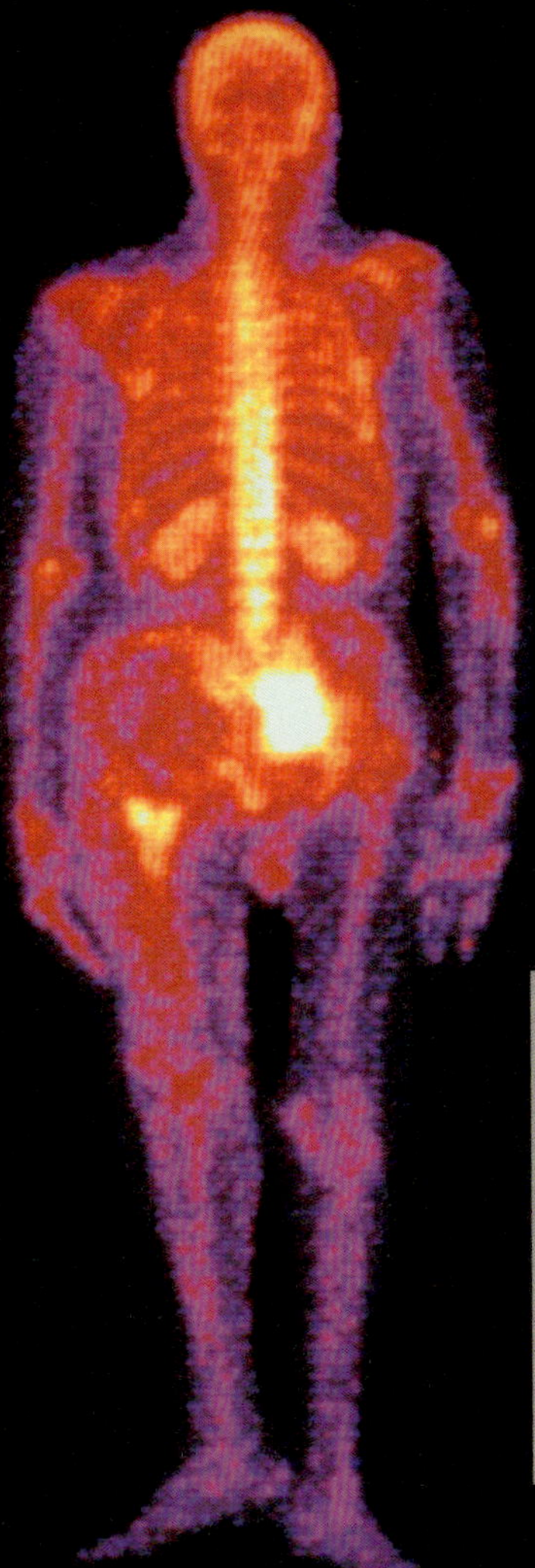

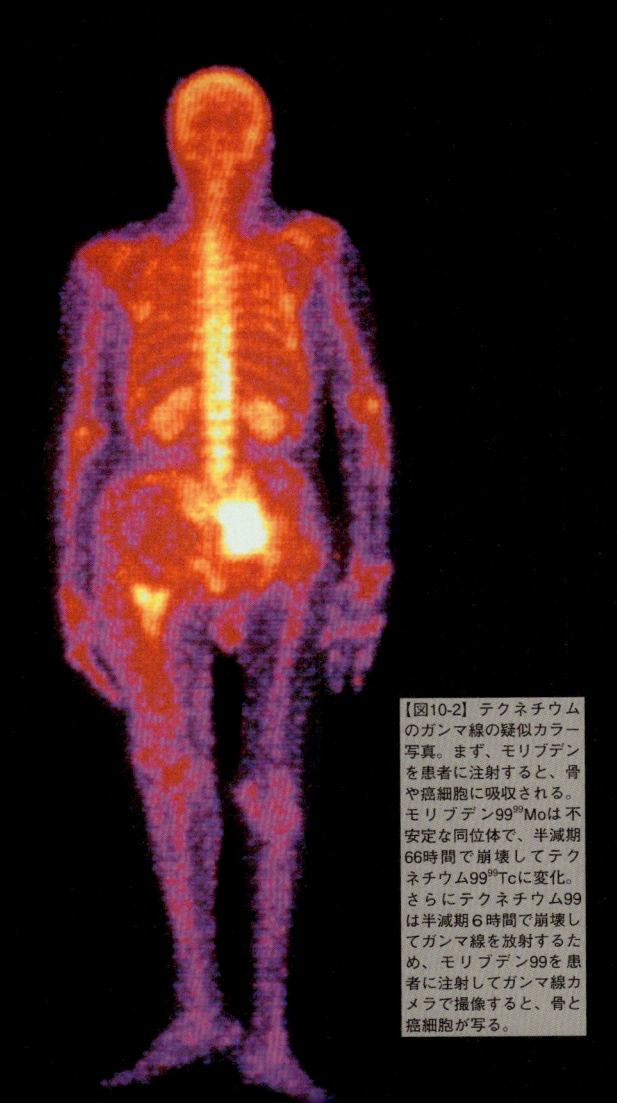

【図10-2】テクネチウムのガンマ線の疑似カラー写真。まず、モリブデンを患者に注射すると、骨や癌細胞に吸収される。モリブデン99^{99}Moは不安定な同位体で、半減期66時間で崩壊してテクネチウム99^{99}Tcに変化。さらにテクネチウム99は半減期６時間で崩壊してガンマ線を放射するため、モリブデン99を患者に注射してガンマ線カメラで撮像すると、骨と癌細胞が写る。

行なったのはアメリカ・カリフォルニア大のアーネスト・ローレンスです。

実験後、モリブデン試料はイタリア・パレルモ大のエミリオ・セグレに送られ、分析されました。

はたして試料の中には、モリブデンの原子核と重水素の原子核が融合して生まれた新しい原子核がごく微量含まれていました。

新しい原子核は、（エカマンガンではなく）「人工的」という意味のテクネチウムと命名されました。


物理学者が作り出した原子核を新しい元素と呼んでいいものか、化学者は議論しましたが、最終的には、人工元素と天然元素を区別する必要はないとして、新元素として認められました。

ここにおいて、元素発見の新しい手法が確立しました。粒子加速器で原子核を衝突させて新しい元素を作り出すというものです。

ローレンスは人工元素を作り出した功績で１９３８年のノーベル物理学賞を受賞しました（が、セグレはこの時受賞しませんでした）。

ローレンスとセグレが作り出したテクネチウムは不安定でした。テクネチウムの同位体はどれも寿命が短く、比較的安定なテクネチウム98 ^{98}Tc で半減期４００万年ほどです。

テクネチウムが不安定なことから、なぜテクネチウムが天然に見つからなかったか説明がつきます。

46億年前に宇宙の塵が集まって地球ができたとき、そこに混じっていたテクネチウムは、46億年の間に1原子も残さずに崩壊してしまったのです。

エカマンガンを探し求めた化学者は存在しない元素を探していたのです。

テクネチウム合成ではノーベル賞を逃したセグレですが、反陽子という粒子を合成した功績で、１９５９年に受賞しました。

Ra

ラジウム

Radium

マリー・キュリーに2度目の栄冠をもたらした

原子番号
88
原子量
(226)

ラジウムとポロニウムPoの名はマリー・キュリーの名とともに科学史に燦然と輝いています。

マリー・キュリーはウランUの放射能の研究で、夫のピエール・キュリー、アンリ・ベクレルとともに１９０３年のノーベル物理学賞を受賞しました。夫婦の共同受賞は現在に至るまでキュリー夫妻のみという快挙です。

マリー・キュリーの活躍はそれだけではありません。放射性元素ラジウムとポロニウムを発見した功績で、１９１１年にはノーベル化学賞を受賞します。この時にはピエール・キュリーは死去していて、マリー・キュリーの単独受賞です。ノーベル賞を２回受賞した人はマリー・キュリーを含めてこれまで４人だけです。

ラジウムとポロニウムを得るため、マリー・キュリーは何トンもの鉱石を砕き、化学的に処理し、極微量含まれているはずの未知の物質を探しました。

得られたラジウムは放射性物質で、放射線を発しながら半減期１６００年で徐々に崩壊していきました。

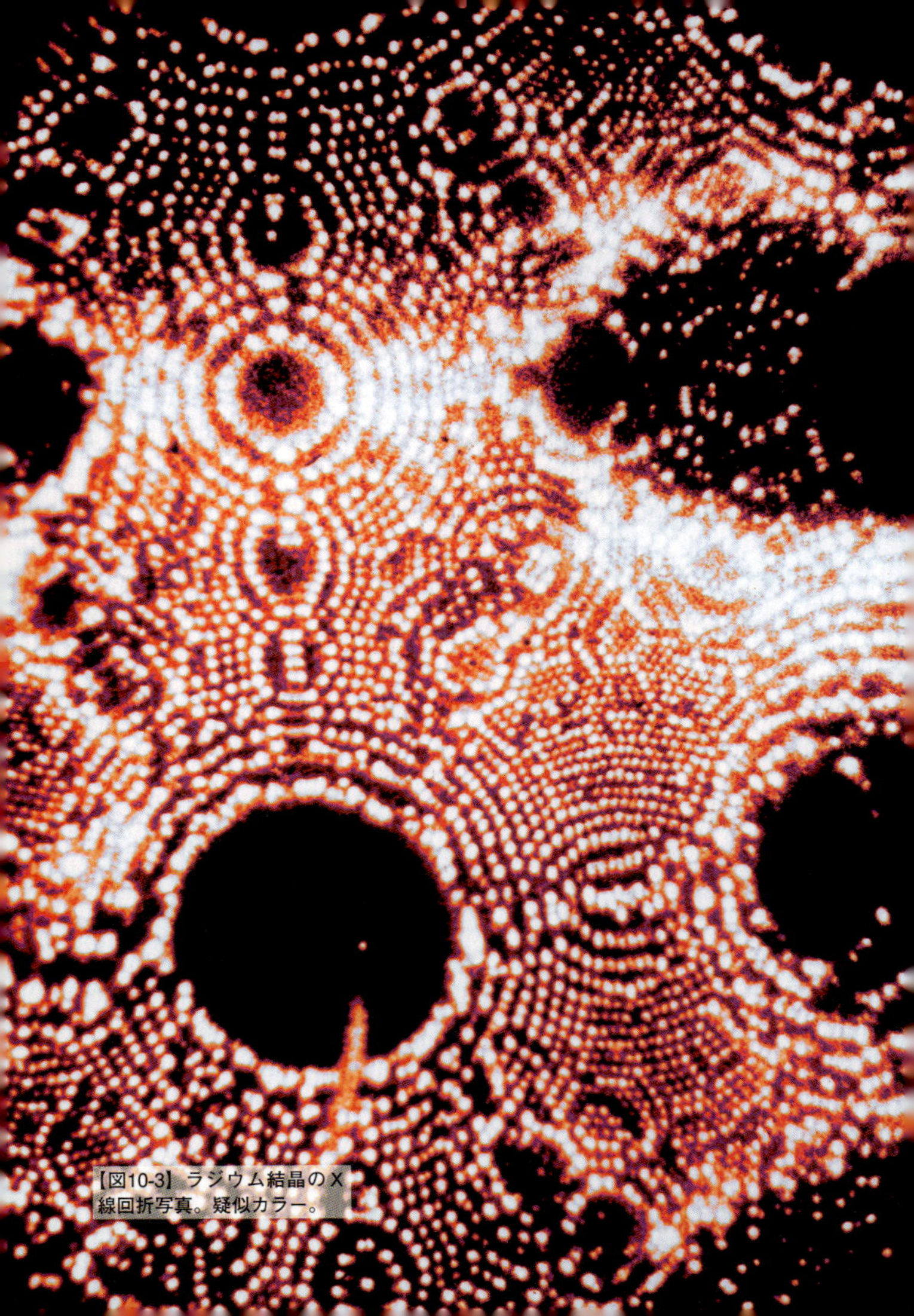

【図10-3】ラジウム結晶のX線回折写真。疑似カラー。

マリー・キュリーは、夜の研究室でビンや蒸発皿に付着した塩化ラジウム$RaCl_2$がぼうっと光を放っているのは「本当に美しい眺めでした」と無邪気に書き残しています。

当時は放射線が人体に及ぼす影響はほとんど知られてなく、マリー・キュリーのような世界で最も放射線に詳しい研究者でも、その危険を知りませんでした。放射性物質をポケットに入れて運び、引き出しに保管したマリー・キュリーは、放射線障害による白血病で１９３４年で亡くなりました。

図１０－４はラジウムを用いた夜光塗料の例です。

ラジウムはアルファ線という放射線を出します。放射線を当てると可視光を出す蛍光物質とこれを組み合わせると、つねにぼうっと光る夜光塗料となります。夜光塗料は時計の文字盤や、飛行機・自動車・列車などの計器に使われました。

１９１０年代から１９２０年代、アメリカの合衆国ラジウム・コーポレーションで働く女性労働者があごの組織の壊死、貧血、骨折など、「ラジウムあご」と呼ばれる症状を示して倒れました。原因は夜光塗料に含まれるラジウムでした。彼女たちは筆

【図10-4】ラジウムは放射線を出すため、放射線を当てると可視光を出す蛍光物質と組み合わせれば、暗闇で光る夜光塗料に。ラジウムの夜光塗料は時計の文字盤などに使われる。

を舌で湿しながら文字盤に夜光塗料を塗っていたのです。

会社を訴えて勝利した女性労働者たちはラジウム・ガールズと呼ばれました。

この問題によって、アメリカ社会において、職業病と労働環境、それから放射線障害についての関心が高まりました。

No

ノーベリウム

Nobelium

ノーベルの名にちなむ

原子番号
102
原子量
(259)

ノーベリウムの名はいうまでもなく、ダイナマイトの発明者にしてノーベル賞で有名なアルフレッド・ノーベルにちなみます。ノーベリウムの発見や研究は今のところノーベル賞を受賞していませんが、ついでに紹介しておきます。

ノーベリウムは１９５８年に作られた人工元素です。アメリカ・カリフォルニア大の重イオン加速器「ＨＩＬＡＣ（ハイラック）」を用いて、炭素１２ ^{12}C の原子核をキュリウム２４４ ^{244}Cm の標的にぶつける手法で、ノーベリウム２５５ ^{255}No を合成しました。ノーベリウム２５５の半減期は55秒で、作る端から崩壊していきました。これは現在の新元素発見の標準的な手順です。

現在では天然の元素はすっかり探し尽くされ、空気中にも海中にも地中の鉱石にも宇宙空間にも新元素は見つかりません。新しい元素を探すには、粒子加速器を用いて原子核を衝突させ、新しい種類の原子核を合成しなければなりません。

そしてその再現実験が他の研究所によって確認されると、ＩＵＰＡＣ（国際純正・応用化学連合）によって新元素として認められ、名前と元素記号がつけられます。

【図10-5】輸送されるカリフォルニア大放射線研究所の重イオン線形加速器HILACの部品(1956年)。ノーベリウムなどいくつもの新元素を合成してきた錬金術マシン。

Np

ネプツニウム

Neptunium

最初の超ウラン元素

原子番号 93

原子量 (237)

ウランUやトリウムThは、天然に存在する放射性元素です。そしてウランやトリウムが何回か崩壊を繰り返した結果生じる元素は、少量ですがウランやトリウムに付随して存在するので、やはり天然に存在する元素といえます。ところがウランより原子番号の大きな「超ウラン元素」は天然の鉱石には含まれず、人工的に合成するしか得る方法はないのです。超ウラン元素ネプツニウムは１９４０年に合成され、１９５１年にはこの功績にノーベル賞が授与されました。

11 章

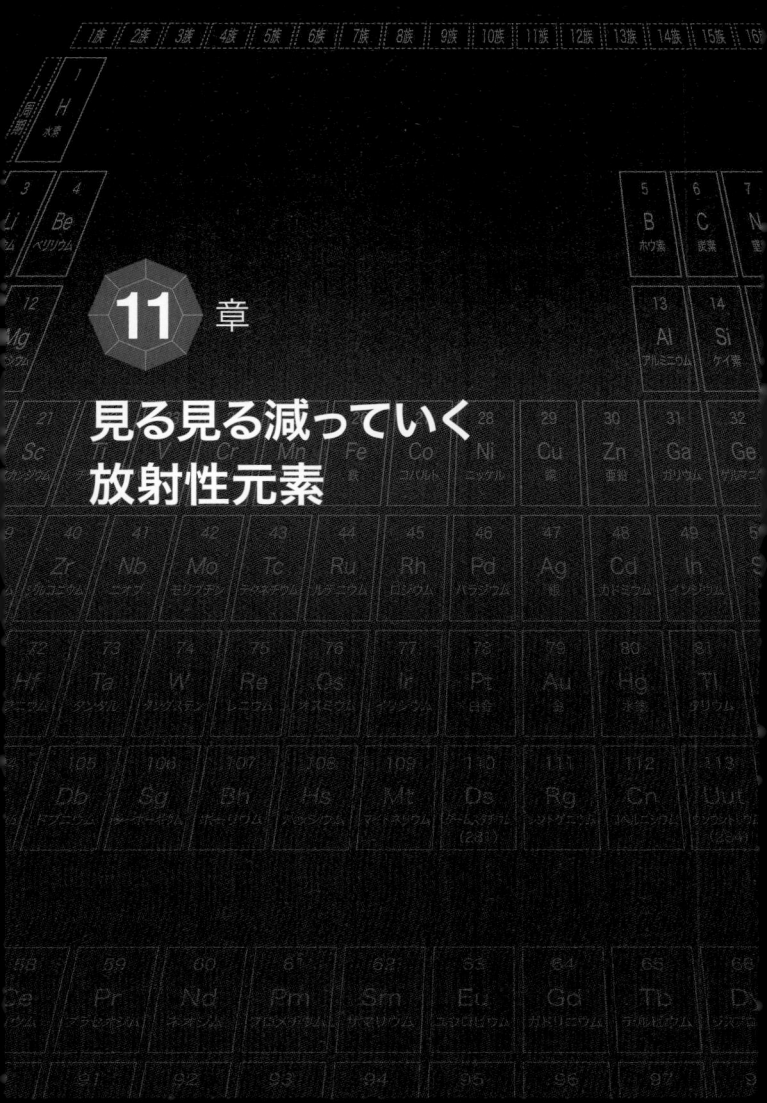

見る見る減っていく放射性元素

U ウラン Uranium 放射能を人類に教えた

原子番号 92
原子量 238.0

ウランを含むピッチブレンド鉱は古くから美しいガラスの原料として利用されてきました。ピッチブレンド・グラスは紫外線を照《あ》てると蛍光を発します。（これはウランの放射能とは関係ありません。）

ピッチブレンド中に見いだされた元素ウランが、目に見えない不思議な放射をしていることは、１７８９年に発見されました。化学反応とは無関係に出しっ放しで、写真乾板を感光させ、他の物体を蛍光させ、時には熱を発し火傷を生じさせるこの放射は「放射線（radiation）」と名付けられました。物質が放射線を発する能力が「放射能（radioactivity）」です。

放射線の源は不安定な原子核でした。

原子の中心には原子核という粒があります。原子核は陽子という粒と中性子という粒がくっつきあってできています。原子核に含まれる陽子の数を原子番号といい、これが原子の化学的な性質を決めています。だから原子番号によって元素が分類されます。陽子が92個含まれる原子核はウランの原子核です。

【図11-1】ウランを含む鉱石ピッチブレンドは古くからガラスの材料として用いられてきた。ピッチブレンド・グラスは紫外線を当てると蛍光を発する。

原子核に入っている中性子の数は原子の化学的な性質にほとんど影響しません。なので、ウランの原子核に入っている中性子が１４６個でも１４３個でも、ウランはウランです。中性子の数が異なる原子核を「同位体」といいます。中性子と陽子合わせて２３８個のウランはウラン２３８ ^{238}U、合わせて２３５個ならウラン２３５ ^{235}U、どちらもウランの同位体です。

　原子の化学的な性質には寄与しない中性子ですが、原子核の安定性には大いに影響します。中性子を１４６個含むウラン２３８の原子核は不安定で、半減期45億年で徐々に崩壊し、トリウム２３４ ^{234}Thなどの原子核に変わります。一方中性子を143個含むウラン235の原子核はそれよりさらに不安定で、半減期は7億年です。

ウランの原子核は中性子が何個入っていても不安定で、ある半減期で徐々に崩壊していきます。ウランの安定な同位体はありません。このような安定同位体のない元素を放射性元素と呼ぶことがあります。

ウラン235の原子核は不安定で、放っておいても崩壊していきますが、この崩壊を人為的に早める方法があります。中性子を照射するのです。

中性子をぶち当てられたウラン235の原子核はぱかっと割れて、断片に分裂します。この時、新たに中性子も飛び出します。飛び出した中性子は近傍のウラン235の原子核に（もしあれば）衝突し、原子核分裂を引き起こします。

こうして次々に原子核の分裂が引き起こされて増えていくことを、連鎖反応といいます。

連鎖反応は大きな熱の発生を伴うので、連鎖反応を制御できれば、大きな熱の発生を制御できます。

ウラン235の密度をそれなりに高く保ち、一定の率で核分裂を続かせ、この熱でお湯をわかしてタービンを回して発電するのが沸騰水型原子炉です。

【図11-2】エンリコ・フェルミがつくった世界初の原子力発電所の再現模型。

核分裂爆弾は、さらに高い濃度のウラン２３５を用いて、連鎖反応が際限なく激しくなるようにしたものです。

天然のウランは99パーセント以上がウラン２３８で占められ、このままでは核燃料として使えません。原子力発電のためにはウラン２３５の割合を数パーセント程度に高める必要があります。爆弾燃料にするにはさらに条件が厳しくて、ウラン２３５の割合が85パーセント以上でないといけません。

天然のウラン中のウラン２３８を捨ててウラン２３５の濃度を高める工程を濃縮といいます。ウラン２３５とウラン２３８は化学的な性質が同一のため、化学的には分離できません。ウラン２３５とウラン２３８のわずかな比重のちがいを利用して、遠心分離機などを使い、気長に濃縮作業を行ないます。

この理由により、アメリカなど核保有国と、日本などその同盟国は、核燃料濃縮に使える遠心分離装置などの技術を、核開発を目論んでいると見做される国へ輸出することを禁じています。

なお、濃縮作業からは核燃料として使えないウラン２３８が出ます。この「劣化ウラン」と呼ばれる産業廃棄物はしばしば航空機のおもりや弾頭として用いられます。

【図11-3】アメリカが開発した、ウランを燃料とする核分裂爆弾、通称「リトル・ボーイ」。このあと1945年8月6日に広島に使用された。

Pu プルトニウム Plutonium

天然に存在できない不安定さ

原子番号
94
原子量
(239)

プルトニウムは天然に存在しない人工元素です。原子番号は94、周期表ではウランUの二つ隣にあります。

プルトニウムに限らず、ウランより原子番号の大きな元素はみな人工元素です。ウランは周期表で最後の天然元素です。

プルトニウムが天然に存在しないのは、プルトニウムの同位体がことごとく不安定で、宇宙の塵が集まって地球ができてから現在までの46億年間に残らず崩壊してしまったからです。人類はそういう不安定な元素を人工的に合成して、周期表を埋めることにしています。

プルトニウム２３９ ^{239}Pu の合成方法は、ウラン２３８ ^{238}U の原子核に中性子を照射するというものです。照射後のウランに含まれるプルトニウムを取り出して集めると、図11-4のような塊になります。

プルトニウム２３９もまた、不安定で徐々に崩壊するばかりでなく、中性子を当て

【図11-4】プルトニウムの塊が自らの放射能によって赤熱している様子。

ることによって核分裂が誘発される原子核です。密度の高い塊にしておくと、連鎖反応が進んで発熱し、条件によっては爆発します。

つまり、核燃料として使用できます。図11－4はそのような原理で発熱したプルトニウム塊です。

1945年8月9日にアメリカが長崎に使用した核分裂爆弾、通称「ファット・マン」は、プルトニウム239を燃料として用いるものでした。

Po ポロニウム Polonium

放射線を放つ恐怖のおもちゃ

原子番号
84
原子量
(210)

ポロニウムはマリー・キュリーがラジウム Ra に次いで2番目に見つけた放射性元素です。名前はマリー・キュリーの祖国ポーランドにちなみます。

ポロニウムの同位体はどれも不安定で、最も寿命の長いポロニウム２１０ $^{210}\mathrm{Po}$ の半減期は１３８日です。ウラン２３８ $^{238}\mathrm{U}$ の崩壊によって常に生成されているため、天然にわずかながら存在します。

どういうことかというと、ウラン２３８が半減期45億年で崩壊するとトリウム２３４ $^{234}\mathrm{Th}$ になり、トリウム２３４はこれまた不安定なので半減期24日でプロトアクチニウム２３４ $^{234}\mathrm{Pa}$ になり、こうして次々と核種が変化して結局ポロニウム２１０が作られるわけです。この理由により、地球に存在するウラン２３８の１億分の１の量のポロニウム２１０が存在します。

図11-5はポロニウムを用いる「静電気マスター」、静電気を除去するおもちゃです。手をビリッと感電させたり、埃《ほこり》を引き寄せたりする静電気の正体は、物体にたまったわずかな電荷です。

【図11-5】ポロニウムの放射線を利用したおもちゃ、「静電気マスター」。このブラシで静電気を帯びた物をなでると、静電気を除去することができるというもの。

静電気マスターには、微量のポロニウムが用いられています。ポロニウムの出す放射線は空気を電離し、電流を流しやすくします。そこでこの静電気マスターで静電気を帯びた物体をなでると、たまった電荷が電流として流れていき、静電気が消え、手を感電させたり埃を引き寄せたりすることがなくなるという仕組みです。

　放射線を無邪気におもちゃに用いるこういう発想にはちょっとどっきりさせられます。

Pm プロメチウム Promethium ２番目の放射性元素

原子番号 61
原子量 (145)

プロメチウムは放射性元素です。比較的半減期の長いプロメチウムの同位体には、プロメチウム１４５$^{145}\mathrm{Pm}$（半減期17・７年）、プロメチウム１４６$^{146}\mathrm{Pm}$（５・５年）、プロメチウム１４７$^{147}\mathrm{Pm}$（２・６年）などがありますが、どれも安定ではありません。安定な同位体のない放射性元素は、原子番号順だと、43番のテクネチウムTcに次いで、61番のプロメチウムが２個目です。しかし合成されたのは７番目です。

Ac アクチニウム Actinium 寿命の短い天然の放射性元素

原子番号 89
原子量 (227)

アクチニウムも天然放射性元素で、アクチニウム２２７$^{227}\mathrm{Ac}$の半減期は約22年です。天然のウラン２３５$^{235}\mathrm{U}$が連続３回崩壊するとアクチニウム２２７になります。原子核は大雑把にいって、原子番号が大きく、質量数が大きいほど、不安定で寿命が短い傾向があります。原子番号84以上の原子核で、安定なものは見つかっておらず、周期表の下の方、原子番号84のポロニウムPo以降は、寿命の短い放射性元素が並んでいます。

Pa プロトアクチニウム Protactinium 情緒ゼロの無個性な名前

原子番号 91
原子量 231.0

プロトアクチニウムの名は「アクチニウムAcの元」を意味するもので、まるで自己主張のない卑屈な元素名です。発見したのはオットー・ハーンとリーゼ・マイトナーです。ハーンは他にも放射性同位体をいくつも発見し、「放射トリウム」（トリウム２２８ ^{228}Th）、「トリウムＣ」（ポロニウム２１２ ^{212}Po）、「トリウムＤ」（鉛２１０ ^{210}Pb）といった、無味乾燥で情緒の感じられない名前をつけまくりました。そのほとんどは既知の元素の同位体と判明しましたが、プロトアクチニウムは新元素として名前が残ってしまいました。

Fr フランシウム Francium 「22分の寿命」のあいだに発見された

原子番号 87
原子量 (223)

フランシウムの同位体も不安定で、最も安定なフランシウム２２３ ^{223}Frの半減期は22分です。これほど寿命が短いのに、フランシウムは天然の鉱石から発見されました。人工的に合成する手法ではありません。天然のウラン２３５ ^{235}Uの約１・４パーセントは、原子核崩壊を連続5回行なった果てにフランシウム２２３に変化します。フランシウム２２３は生まれる端から半減期22分でベータ線を放射するベータ崩壊をしていきます。この時放射されるベータ線を検出することによって、そこに未知の元素（フランシウム）が含まれていることがわかったのです。フランシウムは合成でない手法で見つかった最後の元素です。

Th トリウム

Thorium　希土類採掘についてくる迷惑モノ

原子番号 90
原子量 232.0

トリウムは、周期表で「アクチノイド系」と記されたマスに押し込められた15種の元素の一つです。アクチノイド系元素は、化学的性質が互いに似ていることに加えて、これらがすべて放射性だという特筆すべき特徴があります。そして希土類の鉱石は化学的に似ているアクチノイド系元素をしばしば含みます。そうなると、希土類を採掘すると、そこに放射性物質が混じる事態になります。こういう理由で、希土類の鉱脈には、採掘は可能でも商品にしにくいものがあるのです。

12 章

意外なところで使われている有用な元素

Be

Beryllium

ベリリウム 美しい緑色は実は不純物

原子番号
4
原子量
9.012

緑柱石（ベリル）は美しい六角柱の結晶を作ります。ベリルから得られる元素ベリリウムはこの鉱石から命名されました。純粋なベリルは無色で、図12-1の緑の色はわずかな不純物に由来します。緑色のベリルにはエメラルドという別名があり、宝石扱いされます。

ベリリウムは原子番号４番で、単体は密度１・８４８グラム毎立方センチメートルの軽い金属です。このように密度が小さいのは、ベリリウムの原子核が陽子４個と中性子５個からできている軽い原子核だからです。

周期表を眺めると、水素H、ヘリウムHe、リチウムLiはベリリウムよりも原子番号が小さいですが、水素とヘリウムは常温・常圧で気体です。リチウムは金属ですが、水に触れると酸化されます。したがって、利用しやすい金属のうち原子番号が最も小さいものはベリリウムです。

原子番号が小さい原子からなる密度の低い物質は放射線を透過しやすい性質があります。放射線と反応する電子や陽子や中性子の体積あたりの個数が少ないためです。

【図12-1】ロシア産緑柱石（ベリル）、別名エメラルド。その組成はベリリウムのアルミノケイ酸塩$Be_3Al_2Si_6O_{18}$というもの。

このため、ベリリウムは放射線を通す窓の材質に利用されます。放射線検出器や放射線発生装置は、その構造に、放射線の出入り口を設けてありますが、そこにベリリウムの板が使われるのです。

　ただしベリリウムには毒性があり、粉塵を吸い込むと肺を冒されます。放射線対策とは別に、取り扱いに注意しなければなりません。

F フッ素 Fluorine
最も「貪欲」な元素

原子番号 9
原子量 19.00

フッ素は準宝石トパーズに含まれる元素です。

フッ素は酸化力の強い元素です。単体のフッ素ガスF_2は、酸素ガスO_2よりも強い酸化力を持ちます。周期表上、最強の酸化力といってよいでしょう。

ところで「酸化」とは、酸素Oと化合することだったのではないのでしょうか。酸素ではなくフッ素が酸化力を持つとはどういうことでしょう。

たしかに本来、酸化とは物質が酸素と化合するという意味でした。

酸素原子は他の原子や分子から電子を奪う性質があり、物質は酸素と化合すると、つまり酸化されると、電子を酸素原子に取られた状態になります。

ここから、物質が化学反応して電子を取られることを酸化と呼ぶようになりました。

相手が酸素でなくても酸化されることがあるのです。

【図12-2】トパーズはフッ素を含む準宝石で、その組成は$Al_2SiO_4(F,OH)_2$。純粋なトパーズは無色透明だが、不純物が混じると色がつく。

そして、フッ素は電子を奪う性質が酸素よりも強いのです。フッ素とあうと酸素さえも電子を奪われます。

酸素も酸化されるのです。

酸素がなくても物質が酸化されたり、酸素が酸化されたりするとは、何だか混乱させられますが、そういう言い方が定着してしまったので、しかたありません。

フッ化水素HFは水H_2Oに溶かすとフッ酸になり、これはガラスさえ溶かします。ガラスは安定な物質で、ガラス製の容器は硫酸H_2SO_4や硝酸HNO_3などの強酸にも耐えることができますが、フッ酸にはかないません。

フッ酸はガラスの加工に用いられ、たとえば曇ガラスは表面をフッ酸で処理して作ります。

図12-3は店舗のガラスにフッ酸で描かれたグラフィティです。

塗料で描かれたものなら消すことができますが、これは表面が溶けているので消せません。ガラスを替えないといけないでしょう。塗料のグラフィティも店には迷惑ですが、フッ酸のグラフィティはさらに困り物です。

【図12-3】アメリカ・ワシントンD.C.のCDストアのガラスに描かれたグラフィティ。ガラスはフッ酸HFによってエッチングされ、これは塗料のようには消すことができない。

ところで、「酸」とは何でしょうか。酸素と関係あるのでしょうか。

酸とは、水素イオンH^+を多量に含む水溶液です。水素イオンを多量に含む液は酸っぱい味がして、「酸性」といわれます。

フッ化水素を水に溶かすと水素イオンが放出され、この液はフッ酸になります。

酸化硫黄SO_3を水に溶かすと水とくっついて硫酸になり、水素イオンが放出されてます。ややこしいですが、この酸化硫黄の水溶液のことも単に硫酸と呼びます。

酸素という元素が発見された18世紀、酸素は酸性と関係があると思われたので、酸性の素「酸素」という名前がつけられました。けれども実際には酸素は酸性と関係ありませんでした。

獰猛《どうもう》と形容してもいいほど反応性の高い元素であるフッ素ですが、いったん他の物質と化合してしまうと、今度は相手物質としっかり結合して、ちょっとやそっとでは壊れない安定な化合物となります。

図12-4はフッ素と炭素Cの化合物ポリテトラフルオロエチレン$(C_2F_4)_n$、商品名テフロンです。テフロンは熱に強く、水にも油にも溶けないプラスチックです。１９３８年にアメリカのデュポン社の研究者によって発見されました。

テフロンは耐熱性や耐薬品性が要求される工業製品に用いられます。例えばフライパンの表面をテフロンで覆うと、錆びず、焦げ付かないフライパンができます。

「フレオン」もまたデュポン社の商品名ですが、なぜか日本ではこれを「フロン」と呼びます。

フロンはフッ素や塩素Clなどのハロゲンと炭素の化合物で、トリクロロフルオロメタンCCl_3Fなど数十種類あります。

【図12-4】フライパンのテフロン加工。テフロンはフッ素を含む物質で、熱に強く、化学変化もしにくいプラスチック。フライパンの焦げ付き防止コートなどに使われる。

化学変化しにくく、腐食作用や酸化作用のないフロンは、熱を媒介する冷媒としてエアコンや冷蔵庫に使われ、またスプレー缶の充填剤として盛んに用いられました。

しかし大気中に放出されると、オゾン層破壊と温室効果をもたらすことが問題となり、現在では世界で使用が禁止されています。

Ti チタン
Titanium

チタンはサイボーグの夢を見るか

原子番号
22
原子量
47.87

チタンは地殻に0・4〜0・5パーセント含まれる金属です。8パーセント含まれるアルミニウムAlや5パーセント含まれる鉄Feほどではありませんが、トップ10に入るわりと豊富な元素です。ちなみにトップは50パーセントの酸素O、2番は30パーセントのケイ素Siで、アルミニウムは3番です。

ありふれているためか、チタンは生体や人体にほぼ無害です。（そこらの石にも含まれている元素に生物が対処できず、害を受けるようなら、これは生物の存続が脅《おびや》かされる事態です。）

生体に無害でそのうえ硬くて錆びにくいチタンは、近年意外な用途が見いだされています。人工骨や生体部品です。

事故や病気で骨を失った患者のために人工の骨を用いる、骨をボルトや板で補強する、あるいは歯を失った患者に人工の歯を植えるといった医療技術や歯科技術があります。そうした人工骨や生体部品の素材として、チタンやチタン合金がぴったりなのです。（他には、酸化アルミニウムAl_2O_3、ダイヤモンドC、セラミックなどが使わ

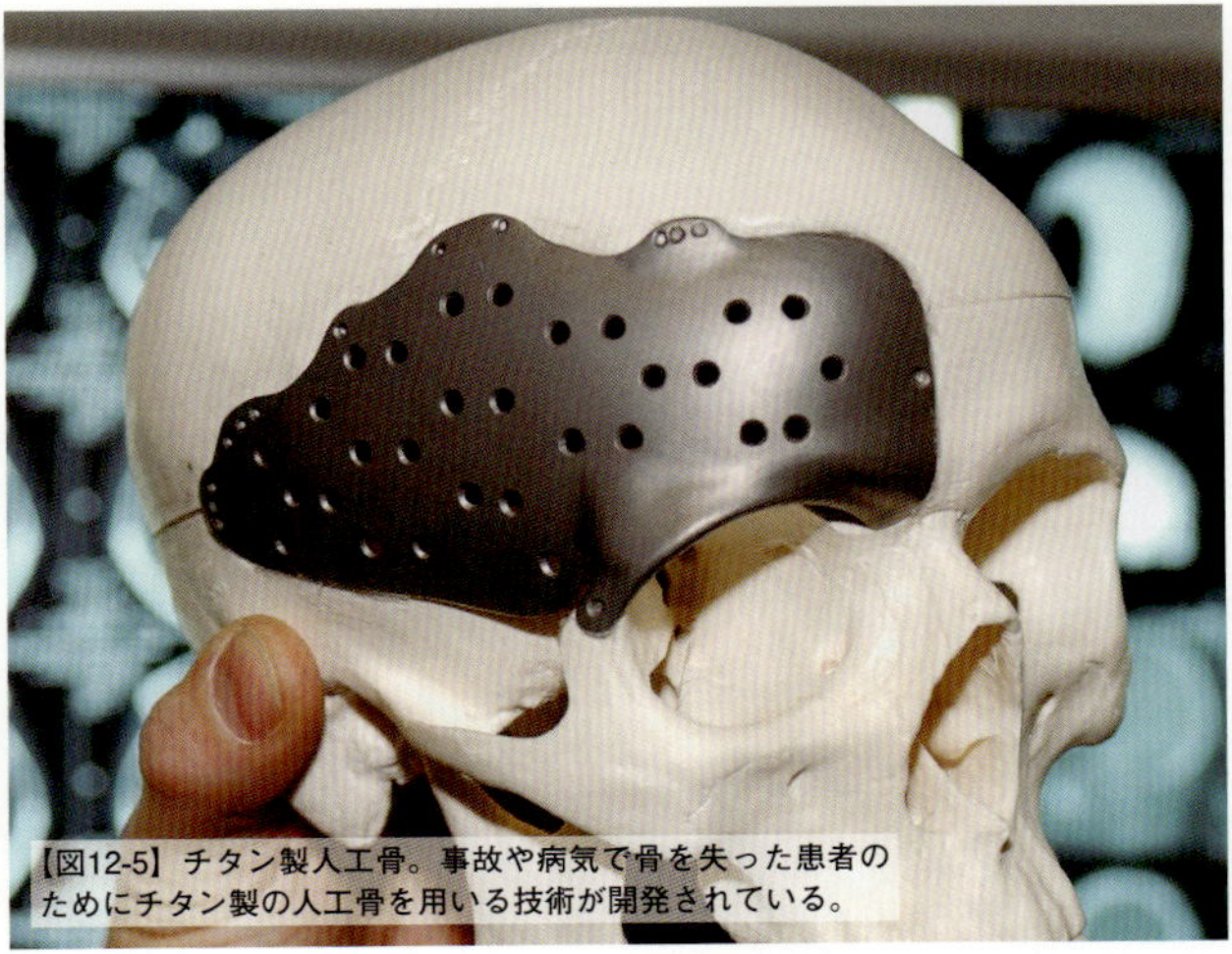

【図12-5】チタン製人工骨。事故や病気で骨を失った患者のためにチタン製の人工骨を用いる技術が開発されている。

れます。）

ところでしばしばフィクションに登場する、生体の一部を機械部品に取り替える技術はサイボーグと呼ばれます。１９６０年代の造語です。

将来、サイボーグ技術が現在の医療技術の延長として実現されたら、そのボディはチタン製になるかもしれません。

La ランタン Lanthanum

周期表から仲間はずれにされた

原子番号 57
原子量 138.9

周期表の左下に、「ランタノイド系」「アクチノイド系」と名のついたマスがあります。これらのマスにはなんとそれぞれ15種もの元素が詰め込まれていて、書ききれないので欄外にはみ出しています。周期表は、原子の外側に位置する電子（外殻電子）の配置が同じ元素を縦に並べています（例外元素も少々）。ランタノイド系と呼ばれるランタンからイッテルビウムYbは外殻電子の配置がほぼ同じなので、ルテチウムLuと一緒にランタノイド系のマスに押し込めてあるのです。

Ce セリウム Cerium

お隣のランタンとよく似ている

原子番号 58
原子量 140.1

セリウムもランタノイド系の元素で、外殻電子の配置は、周期表でおとなりのランタンLaと同じです。セリウムはランタンよりも電子の数が1個多いのですが、その増えた電子はどこにあるかというと、外側から3番目の電子殻です。元素の化学的な性質を決める外殻電子の配置が、ランタンとセリウムで同じなので、ランタンとセリウムは化学的な性質が似ています。ランタノイド系の元素はどれも化学的な性質が似ています。

Pr プラセオジム Praseodymium 似た者同士の希土類の1つ

原子番号 59
原子量 140.9

ランタノイド系の元素はどれも化学的に似ています。そして周期表で縦に並ぶ元素は化学的に似ているので、結局、ランタノイド系の15元素、1マス上のイットリウムY、さらに上のスカンジウムScは、全部化学的によく似ています。これら17元素は合わせて「希土類」と呼ばれます。ランタノイド系の下のマスに押し込められているアクチノイド系の15元素もまた化学的に似ているのですが、アクチノイド系はすべて放射性元素で、希土類と別に扱われるのが普通です。

Sm サマリウム Samarium 磁石の原料として活躍する

原子番号 62
原子量 150.4

ランタノイド系の元素は外殻電子の配置が似ていますが、外側から数えて2番目、3番目の電子殻の配置は異なります。そういう原子の奥深いところの違いは磁性に表われます。磁性とは、その物質が磁石になるかどうか、磁石にくっつくかどうかといった、磁場に関係する性質です。磁性には、原子の奥の電子も関わるので、ランタノイド系の元素も個性を発揮するのです。例えばこのサマリウムは磁石の原料として工業的に利用されます。

Eu ユウロピウム Europium 赤色の画素で利用されてきた

原子番号 63
原子量 152.0

ランタノイド系の元素の奥深くにある電子の関わる物理現象の一つに、蛍光があります。原子が衝撃を受けたり電磁波を吸収したりするなど、何らかのエネルギーを受け取ると、そのエネルギーを光として放出する現象です。化学的に似ているランタノイド系の元素も、蛍光の性質を調べると、それぞれ異なるのです。例えばユウロピウムの化合物は赤色の蛍光を発するので、カラーテレビのブラウン管の赤色画素にかつて盛んに使われました。

Pd パラジウム Palladium 化学反応を促進する〝仲人〟

原子番号 46
原子量 106.4

パラジウムと、周期表でその真下に位置する白金Ptは、性質が似ています。ともに硬く、腐食しにくく、稀少で、貴金属として扱われます。そしてパラジウムも白金も、さまざまな化学反応で触媒として働きます。他の物質を酸化させたり化合させたり化学反応を進めたい場合に、パラジウムを用いると、その化学反応がスムースに進行するのです。産業や研究において、触媒としてのパラジウム需要は高まっていますが、触媒は少量で充分役立つので、この用途での総消費量はさほど多くありません。

In インジウム

Indium

太陽光発電に欠かせない

原子番号 49
原子量 114.8

インジウムは不透明ですが、酸化インジウムIn_2O_3と酸化スズSnO_2の化合物は透明で、そのうえ電導性があります。このため、液晶ディスプレイの電極や太陽電池の電極に利用されています。液晶ディスプレイの画面は画素と呼ばれる小さな光点の集まりです。この幾万もの画素のそれぞれに電極が取りつけられ、オン・オフを制御することによって画像を変化させています。この電極には、表示を邪魔しない透明な物質が使ってあるのです。

Hf ハフニウム

Hafnium

苦労の末に見つけた「平凡な元素」の使い道

原子番号 72
原子量 178.5

ハフニウムは周期表でジルコニウムZrの直下に位置していて、この２つは何かと因《いん》縁《ねん》のある元素。ジルコニウムの試料に混じっていた不純物は、苦労の末に分離されてハフニウムと命名されました。分離してみるとハフニウムは結構ありふれた鉱物で、地殻中の存在量は約40番目です。両者は、化学的な性質は似ているのに、原子核の性質は正反対で、ハフニウムの中性子の吸収率はジルコニウムの５００倍です。

13 章

超々希少な人工元素

Uut

ウンウントリウム《Ununtrium》　ジャポニウムになる日も近い？

原子番号
113
原子量
(286)

２０１５年12月30日、ＩＵＰＡＣ（国際純正・応用化学連合）が１１３番元素を認定しました。日本の理化学研究所（理研）の研究グループが１１３番元素の第一発見者として認められたのです。日本の研究グループが元素の発見者になるのは初めてのことです。日本の新年はこのおめでたいニュースで明けました。

ＩＵＰＡＣは同時に、ロシアの合同原子核研究所とアメリカのローレンス・リバモア国立研究所などの合同チームによって合成・発見された１１５番元素と１１７番元素と１１８番元素もまた認定しました。新元素のラッシュです。

これで周期表は第7周期までの全てのマスが埋まることになりました。

第一発見者として認められると新元素に名前をつける権利が与えられます。本書執筆（２０１６年2月）時点でまだ名前は決まっていません。

まだ名前の定まっていない元素は、ウンウントリウム**Uut**、ウンウンペンチウム**Uup**、ウンウンセプチウム**Uus**、ウンウンオクチウム**Uuo**といった奇妙な仮称で呼ばれます。原子番号を「ヌル＝０」、「ウン＝１」、「ビ＝２」などと置き換えてつけた

【図13-1】ウンウントリウムUutを合成した理化学研究所の重イオン線形加速器RILAC（ライラック）。

提供：理化学研究所

仮称です。

それぞれのチームはいい名前をつけようと頭を絞っていることでしょう。１１３番元素には日本にちなんだ名前がつくかもしれません。

Fl

Flerovium

フレロビウム

2~3秒で崩壊していく

原子番号
114
原子量
(289)

フレロビウムとリバモリウムLvはＩＵＰＡＣによって２０１２年に認定された元素です。ロシアのドゥブナ合同原子核研究所とアメリカのローレンス・リバモア国立研究所の合同チームによって合成・発見されました。チームは１１４番元素にフレロビウム、１１６番元素にリバモリウムと名付けました。

フレロビウムの名前はフレロビウムを合成したロシアのフレロフ原子核反応研究所にちなみます。

そしてこの研究所は、ロシアの物理学者ゲオルギー・フリョロフにちなんで命名されました。少々ややこしいのですが、フレロビウムは直接フリョロフから名前を取ったわけではないのです。

見出しには、原子量の代わりに、最も安定な同位体の質量数を挙げてあります。質量数とは、原子核に含まれる陽子と中性子を合わせた個数です。

この値はこの原子の原子量とほぼ同じになります。最も安定なフレロビウムの同位体の質量数は２８９、陽子１１４個と中性子１４５個を含むフレロビウム２８９

【図13-2】ロシアの原子核物理学者ゲオルギー・フリョロフ。

^{289}Flです。

最も安定といっても、フレロビウム２８９の半減期は実験によれば２～３秒で、合成されるやいなや崩壊していきます。

原子核に含まれる中性子の数が異なるフレロビウムの他の同位体はもっと不安定で、報告によると、半減期は１秒足らずです。

Lv

Livermorium

リバモリウム

名前の由来はまさかの牧場主

原子番号
116
原子量
(293)

リバモリウムはフレロビウムFlと同じ合同チームによって合成・発見され、２０１２年、フレロビウムと同時にＩＵＰＡＣに認定されました。

リバモリウムの名前はローレンス・リバモア国立研究所にちなみます。ローレンス放射線研のリバモア支所が組織改編してできた研究所です

リバモアはアメリカ・カリフォルニア州の市で、その名は英国出身の牧場主ロバート・リバモアに由来します。

つまりリバモリウムの語源をさかのぼると19世紀アメリカ西部の牧場主に至るのです。ロバート・リバモアは、21世紀になって、まさか自分の名前にちなんで新元素が命名されるとは夢にも思わなかったでしょう。まったく世の中何が起こるかわかりません。

原子番号１１６番のリバモリウムは１１４番のフレロビウムよりもさらに不安定です。最も寿命の長いリバモリウム２９３^{293}Lvの半減期は50〜60ミリ秒、つまり０・０５〜０・０６秒と測定されています。概して、原子番号が大きく、質量数が大きい

【図13-3】リバモリウムを合成・発見したロシアのドゥブナ合同原子核研究所の加速器の一部。

ほど、つまり大きい原子核ほど、不安定になる傾向があります。今後、リバモリウムよりも原子番号の大きな新元素を探索するには、ますます不安定で短い寿命の原子核を正確に検出することが必要になります。測定技術と原子核合成技術が向上するにつれ、今後も周期表は伸びていくことでしょう。

At

アスタチン

Astatine

発見は一時、秘密にされた

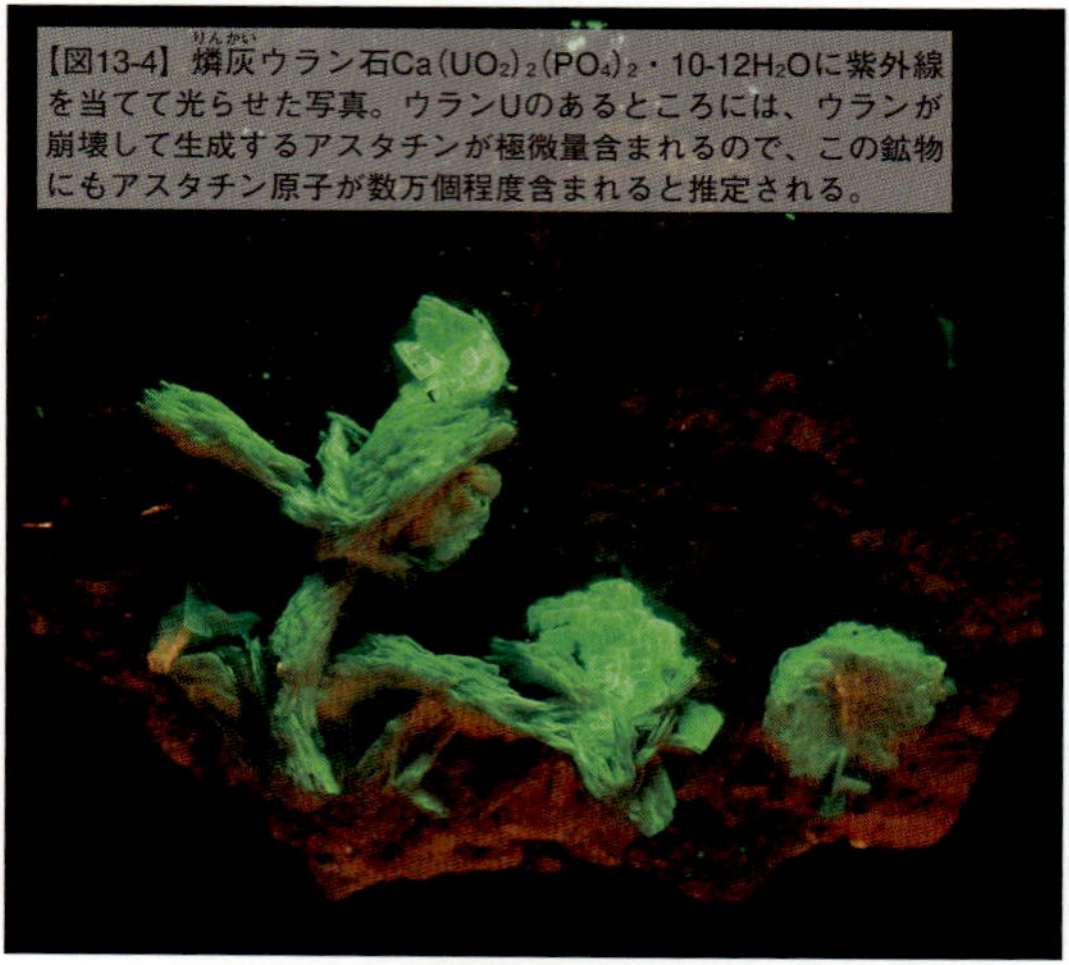

【図13-4】燐灰《りんかい》ウラン石$Ca(UO_2)_2(PO_4)_2 \cdot 10\text{-}12H_2O$に紫外線を当てて光らせた写真。ウランUのあるところには、ウランが崩壊して生成するアスタチンが極微量含まれるので、この鉱物にもアスタチン原子が数万個程度含まれると推定される。

アスタチンに安定な同位体はなく、比較的長寿命のアスタチン２１０ ^{210}Atの半減期は約8時間です。この元素は１９４０年、アメリカ・カリフォルニア大のサイクロトロンを用いて、アルファ粒子をビスマスBiの標的に衝突させて合成されました。

けれども当時は第二次世界大戦が進行中で、アメリカは原爆を製造するマンハッタン計画に乗り出します。原子核物理の研究成果は秘密とされ、アスタチンの合成が公表されたのは１９４７年になってからでした。

原子番号
85
原子量
(210)

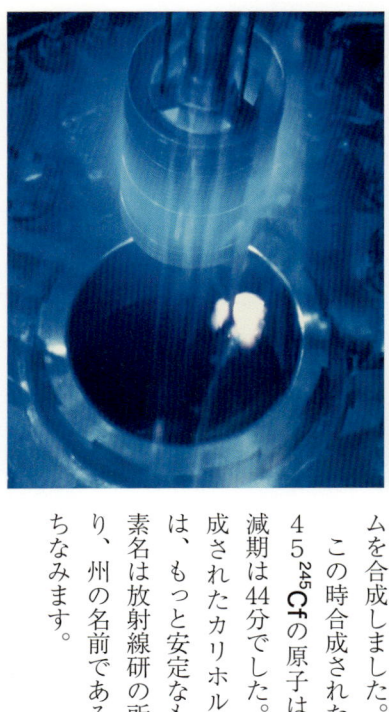

【図13-5】アメリカ、オークリッジ国立研究所にあるカリホルニウム252生産のための原子炉。

Cf

カリホルニウム

Californium

カリフォルニアで誕生

原子番号
98
原子量
(252)

１９５０年、カリフォルニア大放射線研究所の研究チームが、やはり自分達で合成したキュリウムCmにヘリウム^{4}He原子核を衝突させ、カリホルニウムを合成しました。

この時合成されたカリホルニウム２４５ ^{245}Cfの原子は約５０００個、半減期は44分でした。後に違う方法で合成されたカリホルニウムの同位体には、もっと安定なものがあります。元素名は放射線研の所属する大学名であり、州の名前であるカリフォルニアにちなみます。

Lr

ローレンシウム

Lawrencium

サイクロトロンの父の名を冠した元素

原子番号 103

原子量 (262)

【図13-6】サイクロトロンの前で立つローレンス（手前）。

サイクロトロンの発明者でカリフォルニア大放射線研の創立者、元素を人工的に作るという人類の夢を実現したローレンスが１９５８年に亡くなると、その名誉を讃えて、放射線研は「ローレンス放射線研究所」と改名されました。１９６１年、ローレンス放射線研が改名後に最初に合成した１０３番元素がローレンシウムと命名されたのは当然でしょう。

その後、ローレンス放射線研のバークレイ支所は何回かの改名を経て「ローレンス・バークレイ国立研究所」となりました。

Cm キュリウム

Curium

キュリー夫妻への敬意

原子番号 96

原子量 (247)

キュリウムは、１９４４年、アメリカ・カリフォルニア州バークレイにあるカリフォルニア大放射線研究所のサイクロトロンという粒子加速器を用いて、ヘリウム^{4}Heの原子核を人工元素プルトニウム２３９^{239}Puの原子核に衝突させることによって合成されました。アメリシウムAmの合成もこの研究チームによって同じ年に行なわれたものです。アメリシウムの場合はヘリウムでなく中性子をプルトニウム２３９に連続２回ぶつけました。

Bk バークリウム

Berkelium

「新元素の産地」バークレイ市より

原子番号 97

原子量 (247)

１９５０年、カリフォルニア大放射線研究所の研究チームがまた新元素を合成しました。自分達で合成したアメリシウム２４１^{241}Amの原子核にさらにヘリウム原子核^{4}Heを衝突させて、バークリウム２４３^{243}Bkを得ました。バークリウム２４３の半減期は４・５時間と短いですが、バークリウム２４７^{247}Bkはもうちょっと安定で半減期１４００年です。バークリウムの名は放射線研の所在するバークレイ市に由来します。バークレイ市は世界で指折りの新元素の「産地」です。

Es アインスタイニウム

Einsteinium

水爆の「死の灰」から見つかった

原子番号 99

原子量 (252)

原子番号99のアインスタイニウムと１００のフェルミウムFmは、１９５２年、太平洋のエニウェトク環礁でアメリカが行なった水爆実験の際、放射性降下物、つまり「死の灰」を分析することで見つかりました。この時得られた原子の数はそれぞれ２００個程度という極微量でした。この発見は軍事機密とされ、１９５５年まで発表されませんでした。そうとも知らず、世界のいくつもの研究グループが１９５３年から１９５４年にかけて、原子番号99と１００の新元素合成に成功したと発表しました。

Fm フェルミウム

Fermium

中性子とウラン原子核からの誕生

原子番号 100

原子量 (257)

エニウェトク環礁で実験された水素核融合爆弾（水爆）には、重水素Dに核融合を起こす起爆装置として、ウランUの核分裂爆弾が用いられています。この核分裂爆弾が爆発する際、大量に発生する中性子がウランの原子核に衝突し、その一部がアインスタイニウムとフェルミウムに変化しました。爆発によって撒き散らされたそれが採集されて、発見されたわけです。１９５５年、エニウェトク環礁の爆発実験の研究結果が公表され、アインスタイニウムEsとフェルミウムはその時に発見されたものと公式に認められました。

Md メンデレビウム

Mendelevium

莫大な作業の果ての17個の奇跡

原子番号 101
原子量 (258)

半減期20日のアインスタイニウム２５３^{253}Esを、ほんのかけらほどでも集めるのは、大変な苦労です。それを粒子加速器のターゲットにして、ヘリウムHe原子核をぶつけ、半減期約8分のメンデレビウム２５７^{257}Mdの原子がたった17個生成されました。生成したのは新元素合成のプロ、カリフォルニア大放射線研（現ローレンス・バークレイ国立研究所）のチームです。

Rf ラザホージウム

Rutherfordium

米ソ、2つの研究機関の元素合成競争

原子番号 104
原子量 (267)

原子番号１０４のラザホージウムあたりになると、それまでローレンス放射線研（現ローレンス・バークレイ国立研究所）が独占していた新元素合成業界に、ライバルが挑戦するようになります。１９６４年、ソ連のドゥブナ合同原子核研究所のチームがプルトニウム２４４^{244}Puにネオン22^{22}Neをぶつけて原子番号１０４の新元素を合成し、これをクルチャトヴィウムと呼びました。一方、ローレンス放射線研は１９６９年、カリホルニウム２４９^{249}Cfに炭素12^{12}Cをぶつけて原子番号１０４の原子核を作り、ラザホージウムと呼びました。両者の対立は最終的に１９９７年、ＩＵＰＡＣがラザホージウムの名称を認めるまで続きました。

Db ドブニウム

Dubnium

米ソ対立に振り回された元素

原子番号 105
原子量 (268)

１９６７年、ドゥブナ合同原子核研のチームが原子番号１０５の新元素を合成し、その名としてニルスボリウムを提案しました。一方で１９７０年、ローレンス放射線研は別の方法で原子番号１０５を合成し、ハーニウムと名付けました。こうなるとどちらの成果を新元素として認めるか、どの名前を採用するかは、米ソの競争も影響して、政治的な論争となってきます。１９９７年に多分に政治的な配慮から決定された名称はドブニウムでした。

Sg シーボーギウム

Seaborgium

ローレンス放射線研、ふたたび

原子番号 106
原子量 (271)

シーボーギウムは、１９７０年、もうその名は聞き厭《あ》きたといいたくなるローレンス放射線研（現ローレンス・バークレイ国立研究所）によって合成されました。しかし１０４番元素と１０５番元素の命名が国際的な論争となっていたため、新しい元素名はしばらくは提案されませんでした。

１９９４年、１０６番元素の発見者として認められたローレンス・バークレイ国立研究所は、グレン・シオドア・シーボーグにちなんでシーボーギウムを提案しました。ＩＵＰＡＣは「生きている人の名を元素につけた例はない」として渋りましたが、１９９７年にこの名を認めました。

Bh ボーリウム Bohrium
西独・重イオン研究所を信頼するものの……

原子番号 107
原子量 (272)

１０７番元素の合成は、１９７６年にドゥブナ合同原子核研のチーム、１９８１年に西ドイツの重イオン研究所のチームが合成しました。ＩＵＰＡＣなどのワーキング・グループは、信頼できる発表は重イオン研のものだが、第一発見者はおそらくドゥブナ合同原子核研だという、なんだか曖昧《あいまい》で政治的な結論をだしました。両研究所は新元素の名前について協議し、ボーリウムを提案しました。

Hs ハッシウム Hassium
ボーリウム命名権との〝交換条件〟

原子番号 108
原子量 (277)

ハッシウムは１９８４年、西ドイツの重イオン研のチームが合成しました。ハッシウムの名は重イオン研のあるヘッセン州にちなみます。ボーリウムを合成した時には、名前は希望どおりにならなかった重イオン研は、１０８番元素には、自分の属する地名をつけることができました。このあと新元素合成業界はしばらく重イオン研の活躍が続きます。

Mt マイトネリウム

Meitnerium

ノーベル賞に無視された男の名残

原子番号 109
原子量 (276)

マイトネリウムは１９８２年に重イオン研が合成しました。マイトネリウムの名はオーストリア出身の物理学者リーゼ・マイトナーにちなみます。オットー・ハーンとともにプロトアクチニウムPaを発見し、ウランUの核分裂を発見したものの、ノーベル賞選考委員会には無視されたマイトナーの名は元素名として残ることになりました。

Ds ダームスタチウム

Darmstadtium

1万分の1秒で崩壊していく儚さ

原子番号 110
原子量 (281)

ダームスタチウムは１９９４年、重イオン研が合成に成功しました。鉛２０８^{208}Pbのターゲットに加速したニッケル62^{62}Niをぶつけ、９個のダームスタチウム２６９^{269}Ds原子を合成しました。生じたダームスタチウム原子は半減期１７９マイクロ秒で崩壊しました。現在ではもっと半減期の長い同位体も見つかっていますが、それでも10秒程度です。それにしても、１秒の１万分の１程度のごく短い時間で崩壊する原子を数個検出するとは、元素発見の最先端はえらいことになったものです。

Rg レントゲニウム

Roentgenium

合成元素の分析の限界か？

原子番号 111
原子量 (280)

レントゲニウムは１９９４年、重イオン研が合成に成功しました。ビスマス２０９ ^{209}Bi のターゲットにニッケル62 ^{62}Ni をぶつけて、たった1個のレントゲニウム２７２ ^{272}Rg 原子を合成し、検出しました。正確には、レントゲニウムが崩壊して放射する特徴的な放射線を検出しました。もう合成された元素を取り出して集めて分析することは不可能なので、こうした手法を用います。

Cn コペルニシウム

Copernicium

たった1ミリ秒の存在でも「長寿」

原子番号 112
原子量 (285)

コペルニシウムは重イオン研が１９９６年に合成しました。この時作られたコペルニシウム原子はたった1個で、１ミリ秒程度で崩壊しました。ＩＵＰＡＣに新元素と認められたのは２００９年です。１ミリ秒の半減期は、ここまで元素合成について読んできたみなさんには、もうさほどごく短時間には感じられないかもしれません。核化学業界、原子核物理業界ではこれはもう長寿命、驚きの安定度です。

Uup ウンウンペンチウム

Ununpentium

原子2つ分しか合成できていない最新元素の1つ

原子番号 115

原子量 (289)

ウンウンペンチウムは２０１５年12月30日に認定された最新の元素の一つです。まだ正式名称はなく、原子番号１１５という意味のウンウンペンチウムという仮称で呼ばれます。

ロシアの合同原子核研究所とアメリカのローレンス・リバモア国立研究所などの合同チームが２００３年に合成に成功しました。合成された２個のウンウンペンチウム原子は数十ミリ秒で崩壊しました。

Uus ウンウンセプチウム

Ununseptium

最後から二番目の元素

原子番号 117

原子量 (294)

ウンウンセプチウムもまたロシア合同原子核研とローレンス・リバモア研の合同チームによって合成され、６個のウンウンセプチウム原子はいずれも数十ミリ秒で崩壊しました。そしてやはり２０１５年12月30日に認定されました。

周期表の末端の元素の原子核は極端に不安定で、半減期は数十ミリ秒から数マイクロ秒です。もちろんこのような不安定な原子核は天然には存在しないので、粒子加速器などを用いて人工的に合成することになります。新原子核の合成成功がすなわち新元素発見です。

Uuo ウンウンオクチウム

Ununoctium

かつては捏造された、現在最後の元素

原子番号 118

原子量 (294)

ウンウンオクチウムはこれまで合成が報告されている元素の中で最大の原子番号を持ちます。これ以上の原子は合成が格段に難しく、しばらくはこの記録は破られないと予想されています。

この元素は２００２年に合成されたというのが正式な認定ですが、実は１９９９年にローレンス・バークレイ研で合成に成功したという発表がありました。世界に先駆ける成果に誰もが驚きましたが、この発表は実は捏造データに基づくものと判明しました。捏造した研究者は解雇され、論文は撤回されました。元素合成の科学史に不名誉な記録が残ることになりました。

14章

まだある！　個性豊かな元素

Sc

Scandium

スカンジウム

世界を驚嘆させたメンデレーエフの予想

原子番号
21

原子量
44.96

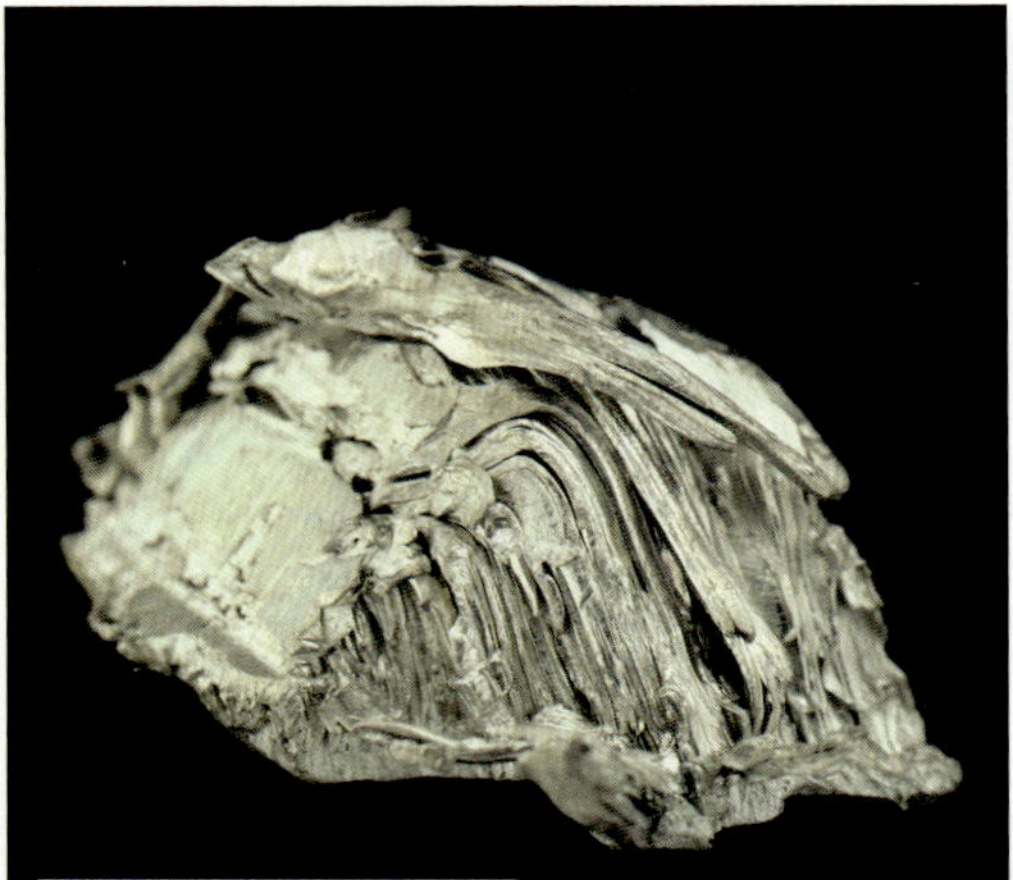

【図14-1】スカンジウムの単体。

メンデレーエフが作った最初の周期表には、将来発見されることになる元素が入るための空欄がありました。

メンデレーエフは空欄に入るべき元素にエカケイ素、エカホウ素などの仮の名前をつけ、その性質を大胆に予想し、数年のうちに、彼の予想どおりに新元素が次々見つかり、世界は驚きました。

エカホウ素と呼ばれた元素は、１８７９年に発見され、スカンジウムという正式名称がつけられました。

V

バナジウム

Vanadium

なぜかミネラル水に使われる

原子番号
23
原子量
50.94

【図14-2】 主要なバナジウム鉱石の褐鉛鉱$Pb_5(VO_4)_3Cl$。

バナジウムには触媒や超電導材などさまざまな用途があります。変わった利用法としては、ミネラル・ウォーターの添加物が挙げられます。

　しかし、その主要な用途は鉄鋼です。バナジウムは鉄鋼に添加すると靭性と耐熱性が増し、バナジウム鋼は吊り橋のケーブルなどに適します。

　消費量のほとんどはバナジウム鉄鋼の生産に使われます。

【図14-3】 コバルトの特徴的な鉱石、コバルト華$CO_3(AsO_4)_2 \cdot 8H_2O$。

Co

Cobalt

コバルト

鉄鋼、合金、磁石……多様な顔を見せる

原子番号 27

原子量 58.93

コバルトは合金や、鉄鋼に添加して特殊鋼、磁性体、超硬合金、触媒などに使われます。コバルト合金は航空機エンジンのタービンとして需要増が予想されています。

またコバルトは磁性体であり、磁石の材料として多くが消費されます。コバルトは偏って存在する鉱物で、埋蔵量の半分はコンゴにあり、採掘国の上位4国で90パーセントを保有します。

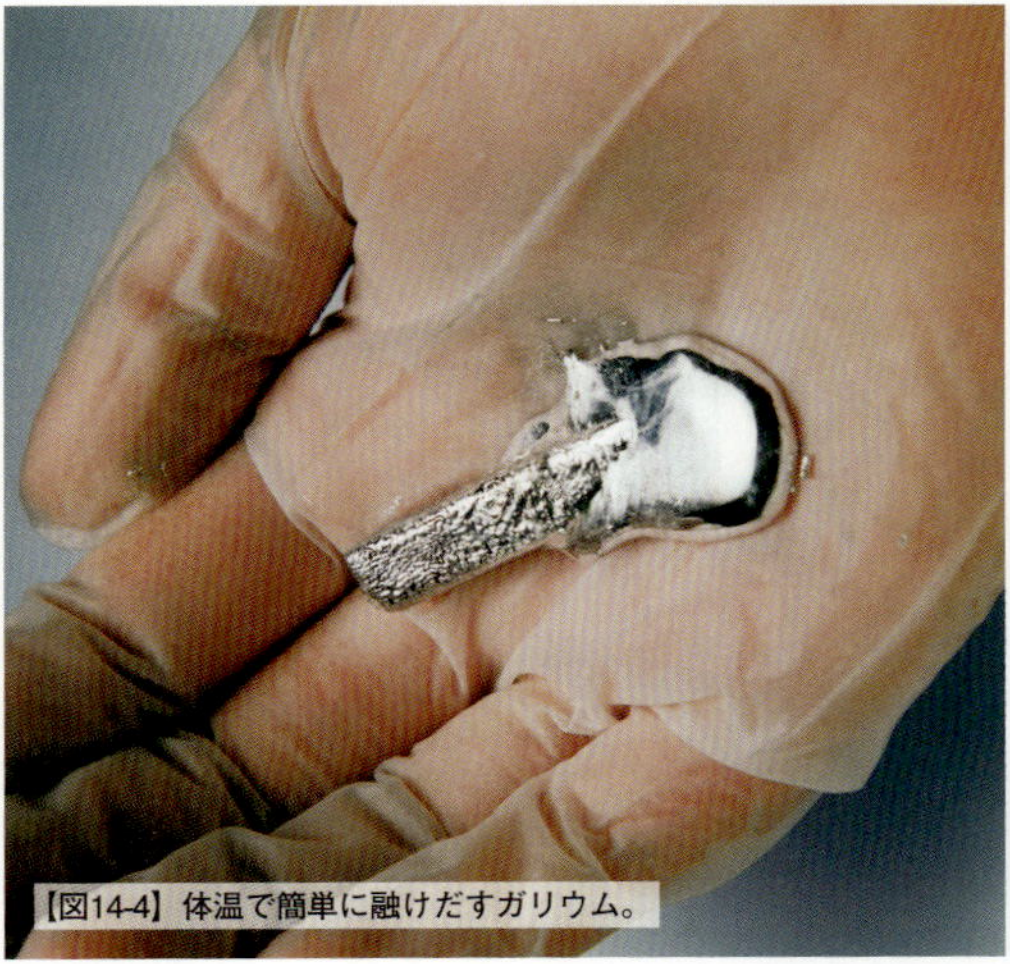

【図14-4】体温で簡単に融けだすガリウム。

Ga

ガリウム Gallium

手のひらで融けていく金属

原子番号 31

原子量 69.72

周期表を作ったメンデレーエフが予言した未発見元素のうち、エカアルミニウムは最初に見つかりました。周期表が発表されてから4年後の１８７５年、ガリウムが発見され、周期表の威力は世界に知れ渡りました。エカアルミニウムことガリウムの特筆すべき性質は、融点が２９・７６４６度と低いこと。手のひらにのせると体温で融けます。そこで化学者はガリウムのスプーンを客に出すという悪戯《いたずら》をしたそうです。客がこれで紅茶を混ぜると、スプーンが融けてしまうわけです。

Tm

ツリウム

Thulium

希少過ぎて研究が進んでいない

原子番号 69

原子量 168.9

【図14-5】ツリウムは空気と反応するとややくもる。

元素の百科事典には、ツリウムは「特記すべきことが何一つない」と、なんだか気の毒なことが書かれています。ツリウムは稀少で高価なため、おそらく応用の研究が進んでいないのでしょう。

けれどもこの特記すべきことが何一つない元素を、原子量を精密に測定する目的で、１５０００回も再結晶を繰り返して精製した研究者もいます。この化学者は多くの元素の原子量を精密に測定した功績でノーベル化学賞を受賞しました。

Am

アメリシウム

Americium

意外に身近な放射性元素

原子番号
95
原子量
(243)

【図14-6】 煙検知器内のアメリシウムの容器。

アメリシウム２４１$^{241}\mathrm{Am}$の半減期は４３２年です。アメリシウムは放射性元素としては珍しく、家庭での用途があります。煙検知機に使われているのです。

電極に電圧をかけ、電極間の空気にアメリシウムからの放射線を当てると、空気がイオン化されるので、電極間に電流が流れます。もしここに煙の粒子があると、粒子がイオンを吸着してしまうので、電流が流れなくなります。電流の大きさから煙の存在が検知できるのです。

Y

イットリウム

Yttrium

「へんぴな村」から現れた元素たち

原子番号	39
原子量	88.91

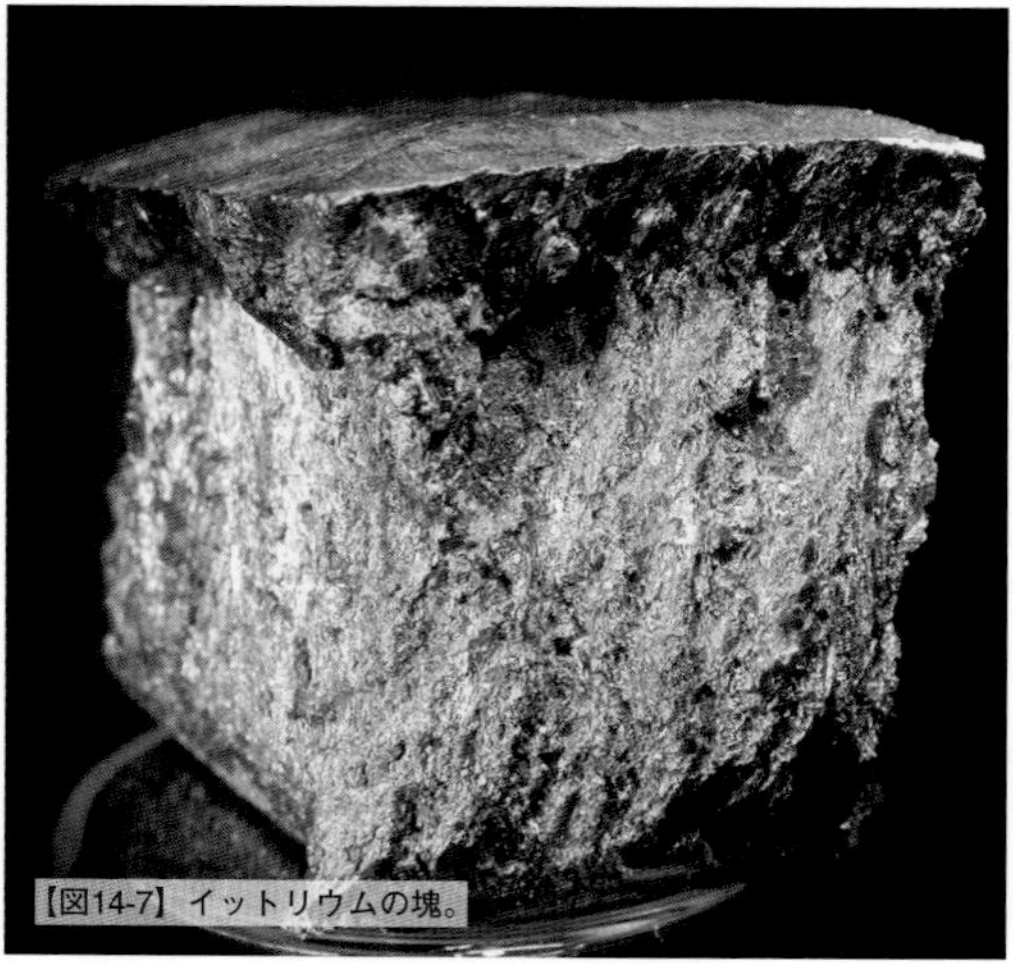

【図14-7】イットリウムの塊。

イットリウムはスウェーデンのストックホルム群島にある村「イッテルビュー」にちなんで命名されました。イッテルビューは「外れの村」「へんぴな村」というような意味で、その名のとおり、特に名物もない村です（失礼）。

しかしなんと4種類の元素がこのへんぴな村にちなんで命名されました。イットリウムの他、テルビウム**Tb**、エルビウム**Er**、イッテルビウム**Yb**です。

Tb

テルビウム

Terbium

分離困難なものから取り出された元素

原子番号
65
原子量
158.9

【図14-8】紫外線を当てると緑に光るテルビウム硫酸塩$Tb_2(SO_4)_3$。

テルビウムはイットリウムY同様、イッテルビューにちなんで名付けられた4元素の一つです。これらの4元素は性質が似ているため、分離が簡単ではありませんでした。まずイッテルビューで採集されたガドリン鉱から「イットリア」という物質が取り出されました。イットリアは調べてみると純粋な物質ではなく、酸化イットリウムY_2O_3、黄色の「テルビア」、バラ色の「エルビア」に分離されました。テルビウムはテルビアから見つかった元素です。

Yb

イッテルビウム

Ytterbium

エルビウムの化合物から生まれた

原子番号
70
原子量
173.0

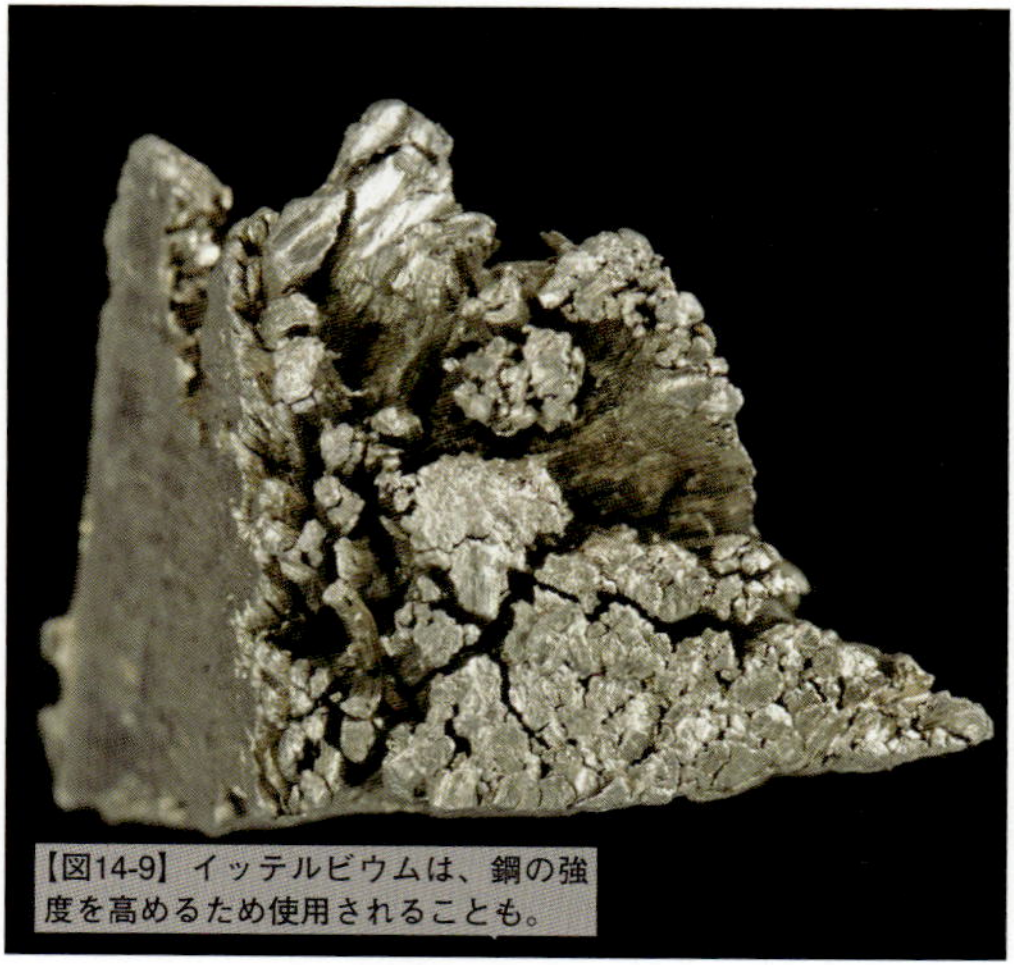

【図14-9】イッテルビウムは、鋼の強度を高めるため使用されることも。

イッテルビューで採集された鉱石に含まれていた物質イットリアからは、イットリウムYとテルビウムTbという2種の新元素が見つかりました。残ったバラ色の物質エルビアは、実はまだ純粋な物質ではありませんでした。慎重な化学的処理の結果、エルビアから新しい物質「イッテルビア」が分離されました。エルビアの正体は新元素エルビウムErの化合物で、イッテルビアの正体は新元素イッテルビウムの化合物でした。これらがイッテルビューの名を持つ4元素です。

Er

Erbium

エルビウム

分離に困難さがともなう

原子番号
68
原子量
167.3

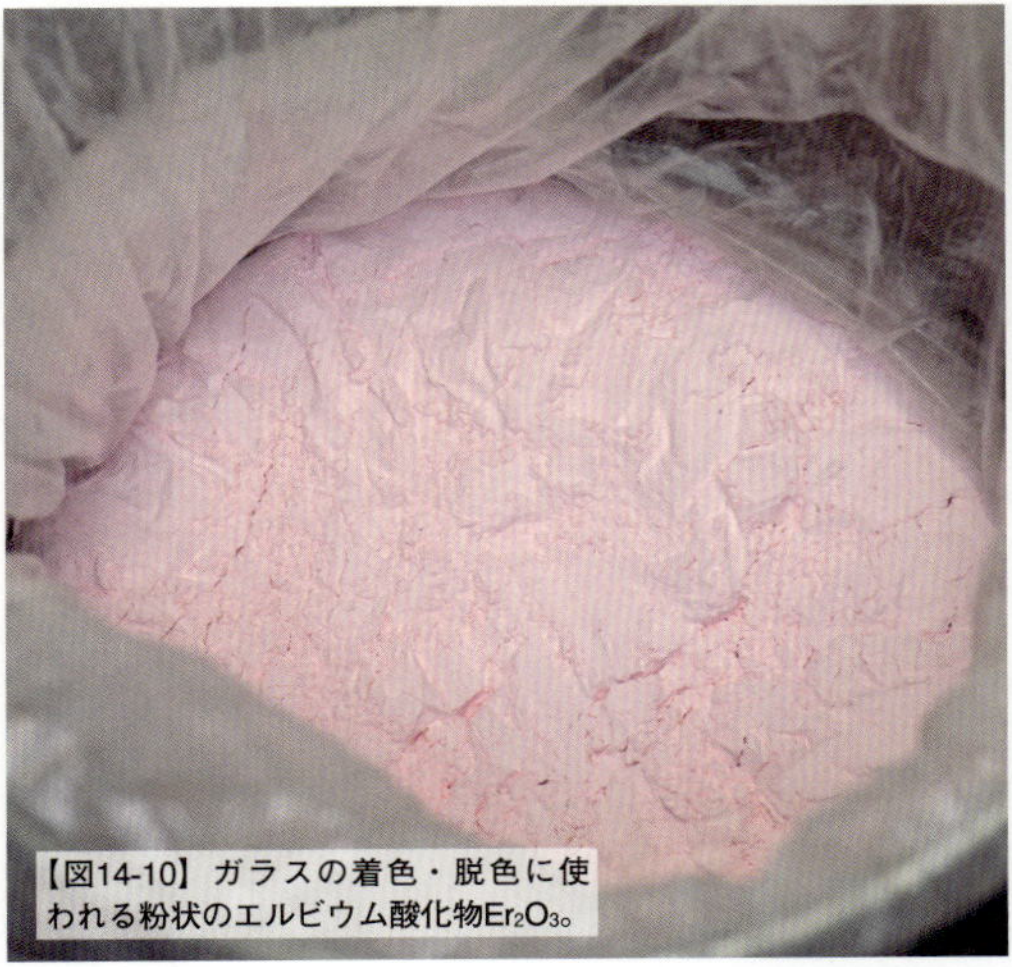

【図14-10】ガラスの着色・脱色に使われる粉状のエルビウム酸化物Er_2O_3。

最初純粋な物質と考えられたイットリアからは、イットリウムY、テルビウムTb、エルビウム、イッテルビウムYbの4元素が発見されました。このエピソードからわかるように、ランタノイド系元素を化学的に分離するのは大変困難です。純粋な物質がついに得られたと思っても、後に、似通った元素の混合物であると判明することがしばしばでした。エルビウムの化合物だと思われたエルビアからは、後にホルミウムHoとツリウムTmが発見されます。

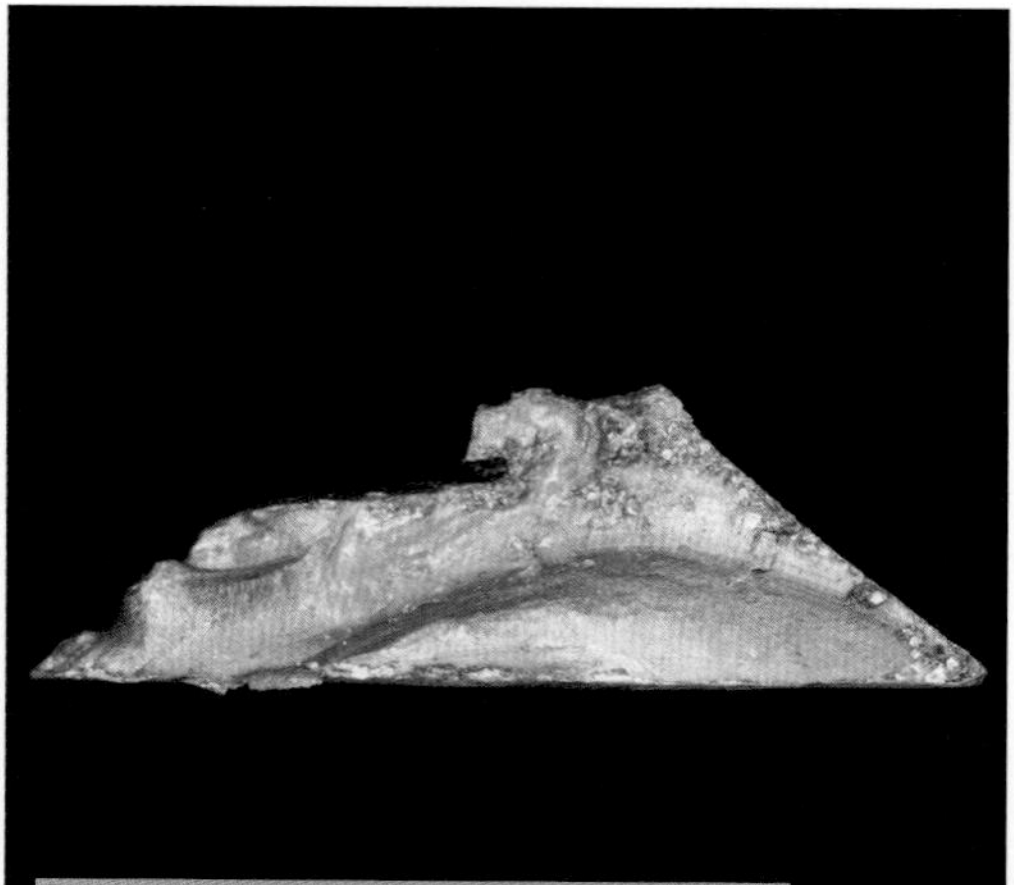
【図14-11】なかなか実用化が進まないルテチウム。

Lu

ルテチウム Lutetium

ランタノイド系最高の金食い虫

原子番号
71
原子量
175.0

ランタノイド系の兄弟元素は、化学的に似ていて、人為的に分離するのが難しいばかりでなく、自然のプロセスでも分離されにくい元素です。そのため、鉱石中にもたいてい混じりあって存在しています。これを分離して精製するのはコストがかかります。

ルテチウムはそのうえランタノイド系元素中で最も稀少なので、最も高価です。そういう理由で、ルテチウムの利用法はあまり研究が進んでいません。

原子番号順索引

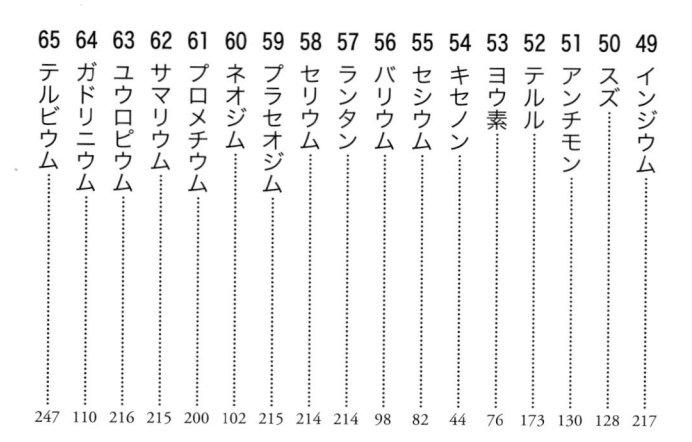

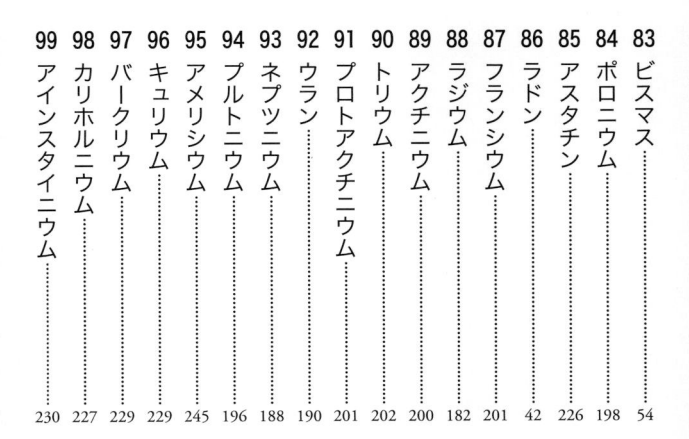

本書は、当文庫のための書き下ろしです。

小谷太郎 こたに・たろう

1967年生まれ。東京大学理学部物理学科卒。専門は宇宙物理。博士（理学）。理化学研究所、NASAゴダード宇宙飛行センター等の研究員を経て、大学教員。著書に『科学者はなぜウソをつくのか』（dZERO）、『知れば知るほど面白い宇宙の謎』（知的生きかた文庫）、『数式なしでわかる相対性理論』（中経の文庫）、『理系あるある』（幻冬舎新書）など多数。

ビジュアルだいわ文庫

知《し》れば知《し》るほど面白《おもしろ》い
不思議《ふしぎ》な元素《げんそ》の世界《せかい》

著　者　小谷太郎《こたにたろう》

2016年3月15日第一刷発行

発行者　佐藤 靖
発行所　大和《だいわ》書房
東京都文京区関口1-33-4　〒112-0014
電話03-3203-4511
装幀者　福田和雄（FUKUDA DESIGN）
本文デザイン DTP　朝日メディアインターナショナル
写　真　株式会社アマナイメージズ
本文印刷　歩プロセス
カバー印刷　歩プロセス
製　本　ナショナル製本

ISBN978-4-479-30584-2
乱丁本・落丁本はお取り替えいたします。
http://www.daiwashobo.co.jp/